小さなものをつくるための
ナノ/サブミクロン評価法

― μm から nm 寸法のものをつくるための
　材料，物性，形状，機能の評価法 ―

工学博士　肥後　矢吉　編著

　　　　　谷川　　紘
工学博士　鈴木健一郎
博士(工学)　磯野　吉正
博士(工学)　荻　　博次　共著
博士(工学)　土屋　智由
博士(工学)　石山千恵美

コロナ社

まえがき

　ものをつくるのに最も基となるのは「つくりたいものの機能（アイデア）」とそれを「具体化するための手段」であろう。また新しい材料や手段が現れるとそれまで空想であったアイデアが実現し，世界が変わり，世の中の仕組みまでも変わってしまう。だからこそその時代を支えた材料の名前が，時代を代表するものとしてその時代の名称となっている（石器時代，青銅器時代などなど）。これらの材料は最初から時代を支えてきたわけではない。材料は選択と改良を繰り返されて役に立つ優れたものへと変貌し，時代を支えるまでになった。例えば石器時代でもいろいろな石をたたいて割り，ハンマや矢尻に適した種類の石と加工法を探し出していた。このように目的にかなった性質をもつ材料を選択し，改良していく作業が材料評価である。

　この本は，肉眼では見にくい，あるいは見えないほど小さな，しかも動く機械をつくる目的に適した材料を選び出し，評価を行う方法について述べている。この小さなものをつくるためのプロセスはおおよそ以下のように考えられる。

（1）どのような機能のものをつくりたいか目的を明確化し，設計する。
（2）シミュレーションを行い机上で改善や設計変更，材料選択を行う。
（3）候補材料が仕様を満たすか実際の作製プロセスを用いて特性を調べる。
（4）作製されたものの精度，寸法が設計と違わないか調べる。
（5）作製されたものを動かして運動機能が設計と違わないかを調べる。
（6）作製されたものを実用するために組み上げる接合やパッケージングを行う。

　本書はこのプロセスに従って主な評価方法を以下の各章で述べる。

　1章では，アイデアを実現するために書かれた設計図が実際に機能するか，材料や加工法が適切か，などをコンピュータ上で機能させ，改善や設計変更を机上で行うシミュレーションについて述べる。

2章では，機械を構成する微細な材料の弾性定数の評価方法について述べる。材料が微細になると体積に比べて表面積が非常に大きくなり，一般に知られている性質とは異なってくる寸法効果が表れる。この章では，ナノメートル寸法の膜や部品の弾性定数をどのように測るかについて，例を挙げて述べる。

3章では，2章と同様に微細化による寸法効果と，製造プロセスに大きく依存する強度の評価方法について述べる。

4章では，小さなものの寸法の測り方について述べる。被測定物が微細になれば測定誤差が全体の寸法に占める割合も非常に大きくなる。一般的に使われている小さなものの寸法を測る方法は必ずしも完全ではなく，その計測によって発生する形状や寸法の誤差について，例を挙げて述べていく。

5章では，目に見えないような機械の高速微細運動を正確に測定する方法について述べる。小さなものの運動は一般に小さくなるほど非常に早く，しかも小さくなってくる。特に，振動はkHzからGHz以上，変位はナノメートル以下になるものの評価法について述べる

6章では微細なものを作製する過程で多く用いられる接着・接合の評価法をISO規格やJIS規格を参照しながら，力のかかり方で分類して述べていく。また，パッケージングや接合強度の求め方とともに，接合がデバイスの機能に及ぼす影響についても述べる。

本書では紙面の都合で最も基本的で限られた評価方法しか示せないが，他にも重要な評価方法として，3DナノX線CT（コンピュータトモグラフ），走査プローブ顕微鏡，電子顕微鏡，ナノインデンテーションなどがある。

本書が小さなもののものつくりの参考に少しでもお役に立てれば幸いである。

本書を刊行するにあたってコロナ社の方々には企画・編集など多大なご苦労をおかけし心よりお礼を申し上げる。また，陰ながら多大なご助力をいただいた企業，大学の先生方，特に本書出版を提案いただいた曽根 正人 氏（東京工業大学），および学生の方々に感謝申し上げる。

2015年5月

肥後　矢吉

目　　次

1. シミュレーション

1.1　は じ め に ……………………………………………………………… *1*
1.2　MEMS 研究でのシミュレーション ………………………………… *2*
　　1.2.1　ダイアフラム型圧力センサ ………………………………… *2*
　　1.2.2　MEMS デバイス ……………………………………………… *4*
1.3　有限要素法とシミュレータ …………………………………………… *4*
　　1.3.1　有 限 要 素 法 …………………………………………………… *4*
　　1.3.2　シ ミ ュ レ ー タ ………………………………………………… *6*
1.4　シミュレーション例 …………………………………………………… *9*
　　1.4.1　フィッシュボーン型共振器 ………………………………… *9*
　　1.4.2　MEMS スイッチ ……………………………………………… *13*
　　1.4.3　評価用電子回路のシミュレーション ……………………… *21*
1.5　シミュレーションでの留意事項 …………………………………… *23*
　　1.5.1　ファイル保存の重要性 ……………………………………… *23*
　　1.5.2　解析結果の検証 ……………………………………………… *24*
　　1.5.3　2 次元モデルと 3 次元モデル ……………………………… *25*
　　1.5.4　周波数解析での留意点 ……………………………………… *27*
　　1.5.5　解析結果の活用 ……………………………………………… *28*
　　1.5.6　練習問題の活用 ……………………………………………… *28*
1.6　お わ り に ……………………………………………………………… *28*
引用・参考文献 ………………………………………………………………… *29*

2. 薄膜の弾性定数の精密計測法

2.1 はじめに ·· 31
2.2 弾性定数の基礎 ·· 33
 2.2.1 応　　　力 ·· 33
 2.2.2 ひ　ず　み ·· 35
 2.2.3 弾性コンプライアンスと弾性定数 ···································· 36
 2.2.4 対称性と弾性定数マトリックス ·· 37
 2.2.5 工学弾性定数 ·· 39
 2.2.6 薄膜の弾性定数マトリックス ·· 41
2.3 従来の薄膜の弾性定数の測定法 ·· 44
 2.3.1 マイクロ引張試験法 ·· 45
 2.3.2 マイクロ曲げ試験法 ·· 46
 2.3.3 振動リード法 ·· 47
 2.3.4 表面超音波法 ·· 48
2.4 薄膜の弾性定数を正確に測定する方法 ·· 49
 2.4.1 共振超音波スペクトロスコピー法（RUS法） ···················· 50
 2.4.2 ピコ秒超音波法 ·· 54
 2.4.3 膜厚を正確に測る：X線反射率測定 ·································· 61
2.5 さまざまな薄膜の弾性定数の測定例 ·· 63
 2.5.1 薄膜の弾性定数はかなり小さい ·· 63
 2.5.2 単結晶薄膜 ·· 64
 2.5.3 薄膜の欠陥を癒す低温加熱処理 ·· 65
 2.5.4 弾性定数がバルク値を超える薄膜・ナノ材料 ···················· 66
 2.5.5 薄膜の弾性異方性の観測例 ·· 70
2.6 おわりに ·· 71
引用・参考文献 ·· 73

3. 微小材料や薄膜の材料強度評価法

- 3.1 はじめに ……………………………………………………… 75
- 3.2 MEMS用薄膜の材料特性評価法標準規格 ……………… 76
- 3.3 共通項目 ……………………………………………………… 77
  - 3.3.1 寸法範囲 …………………………………………… 77
  - 3.3.2 荷重 ………………………………………………… 77
  - 3.3.3 伸び・変形 ………………………………………… 78
  - 3.3.4 試験片作製法 ……………………………………… 80
- 3.4 引張試験 ……………………………………………………… 81
  - 3.4.1 試験方法 …………………………………………… 81
  - 3.4.2 装置 ………………………………………………… 83
  - 3.4.3 試験片 ……………………………………………… 84
  - 3.4.4 試験条件 …………………………………………… 85
- 3.5 標準試験片 …………………………………………………… 85
- 3.6 疲労試験 ……………………………………………………… 86
- 3.7 共振振動を用いたデバイス構造の疲労試験 ……………… 87
  - 3.7.1 試験機 ……………………………………………… 87
  - 3.7.2 試験片 ……………………………………………… 89
  - 3.7.3 試験条件 …………………………………………… 90
  - 3.7.4 初期測定 …………………………………………… 90
  - 3.7.5 疲労試験 …………………………………………… 91
- 3.8 おわりに ……………………………………………………… 91
- 引用・参考文献 …………………………………………………… 92

4. 3次元マイクロ構造体の形状計測法およひ信頼性評価

- 4.1 はじめに ……………………………………………………… 93
- 4.2 形状特性評価に関する標準規格 ……………………………… 94
  - 4.2.1 形状特性評価のためのJIS規格 ……………………… 94
  - 4.2.2 形状特性評価のための国際標準規格 ………………… 96
- 4.3 3次元マイクロ構造体の幾何形状計測 ……………………… 98
  - 4.3.1 計測試料 …………………………………………… 99
  - 4.3.2 電界放射型走査電子顕微鏡による計測例 …………… 102
  - 4.3.3 走査型白色干渉計による計測例 ……………………… 108
  - 4.3.4 共焦点走査型レーザ顕微鏡による計測例 …………… 112
  - 4.3.5 触針式形状測定機による計測例 ……………………… 114
  - 4.3.6 原子間力顕微鏡による計測例 ………………………… 118
- 4.4 計測値の不確かさ評価 ………………………………………… 122
  - 4.4.1 基本的な考え方 ………………………………………… 122
  - 4.4.2 平均トレンチ深さの不確かさ評価 …………………… 125
- 4.5 おわりに ………………………………………………………… 127
- 引用・参考文献 ……………………………………………………… 128

5. 動特性計測：微細なものの動的変形と振動評価

- 5.1 はじめに ………………………………………………………… 129
- 5.2 MEMS共振器 …………………………………………………… 131
  - 5.2.1 機械振動 ………………………………………………… 131
  - 5.2.2 電気機械変換効率 ……………………………………… 132
- 5.3 レーザドップラー振動計を利用した振動測定 ……………… 133

  5.3.1　レーザドップラー振動計（LDV） ……………………… *133*
  5.3.2　振動測定評価装置 …………………………………………… *134*
  5.3.3　面内外の振動モード測定 …………………………………… *137*
  5.3.4　ねじり振動モード測定 ……………………………………… *139*
 5.4　移動電極 MEMS 共振器の動特性 ……………………………… *141*
  5.4.1　移動電極の原理 ……………………………………………… *142*
  5.4.2　シリコン梁共振器 …………………………………………… *143*
  5.4.3　12 MHz ラメモード MEMS 共振器 ………………………… *144*
 5.5　振動特性の電気的評価 …………………………………………… *147*
  5.5.1　インピーダンス測定 ………………………………………… *147*
  5.5.2　狭ギャップ測定 ……………………………………………… *150*
  5.5.3　測　定　比　較 ……………………………………………… *152*
 5.6　機械連結ジャイロスコープの動特性 …………………………… *152*
  5.6.1　振動型ジャイロスコープ …………………………………… *153*
  5.6.2　振　動　測　定　法 ………………………………………… *154*
  5.6.3　2×2 ジャイロスコープアレイ ……………………………… *155*
 5.7　お　わ　り　に …………………………………………………… *157*
引用・参考文献 ……………………………………………………………… *158*

6.　微細なものの接着・接合強度評価

 6.1　は　じ　め　に …………………………………………………… *159*
 6.2　微小構造物作製と接着・接合技術について …………………… *160*
  6.2.1　接着，接合，密着，付着 …………………………………… *160*
  6.2.2　微細なものの接着・接合とは ……………………………… *161*
 6.3　接着・接合強度を支配する因子 ………………………………… *163*
  6.3.1　内　的　因　子 ……………………………………………… *163*
  6.3.2　外的因子 ―欠陥に伴う場合― ……………………………… *165*

　　　　6.3.3　接着・接合部の形状による場合 ………………………………… *165*
6.4　従来の接着・接合強度評価の規格 ……………………………………… *167*
　　　　6.4.1　接着・接合部に加わる力の様式 ………………………………… *167*
　　　　6.4.2　従来の寸法に対する接着・接合強度評価 ……………………… *168*
6.5　微細なものの接着・接合強度評価 ……………………………………… *173*
　　　　6.5.1　薄膜（1次元の微細化）の接着・接合強度評価 ……………… *174*
　　　　6.5.2　微細なもの（3次元の微細化）の接着・接合強度評価 ……… *180*
　　　　6.5.3　異種材料の接合によるデバイスへの影響 ……………………… *189*
6.6　お　わ　り　に ………………………………………………………………… *192*
引用・参考文献 ………………………………………………………………………… *192*

索　　　引 ………………………………………………………………………… *193*

1 シミュレーション

1.1 はじめに

　本章では，微小構造体や **MEMS**（micro electro mechanical systems，**微小電気機械システム**）の動作解析，設計のツールとして用いられるシミュレーション技術について解説する。コンピュータの飛躍的な発展により誰もが簡単にシミュレーション技術を利用できる環境になっている。解析対象のモデルと設定条件が適切であると解析解が得られる。しかし，シミュレーションの原理，シミュレータのアルゴリズム，解析の限界，そして個々のシミュレータの得失などについての知識が乏しいと，得られた解が物理的に妥当かどうかを判断することが困難になる。得られた解を鵜呑みにすることは危険であり，つねに解の検証が重要である。

　その名称が示すように，MEMSデバイスでは電気工学と機械工学が合体されている特徴がある。このため，構造力学を対象とした古典的なシミュレータでは解析に限界がある。近年，複数分野の物理を連結して解析できる**マルチフィジックス**と呼ばれるシミュレータが登場している。機械，電気，回路，音響，電熱，化学反応，めっきなどの現象を単一のシミュレータ内で解析できるので，MEMS分野では強力なツールになると期待できる。

　本章では，MEMSデバイスでのシミュレーションの実例を紹介するとともに，シミュレーションを行う上での留意事項をまとめた。

1.2　MEMS 研究でのシミュレーション

1.2.1　ダイアフラム型圧力センサ

　1970 年ごろから研究開発が活発化した半導体センサは多くの分野で実用化が進んでいる[1]†。中でも**ダイアフラム型圧力センサ（図 1.1）**[2] は，工業計測や自動車への応用を目指して，設計技術や製造プロセスの開発が進んでいた。このセンサはシリコンチップの中央部に形成された薄肉領域（ダイヤフラム）と，ここに配置された拡散抵抗（ピエゾ抵抗）で構成されている。図 1.2 に示すようにダイアフラムに圧力（主として空気圧）が印加されるとダイアフラムが変形し，誘起された圧縮・引張応力により拡散抵抗値が変化する（ピエゾ抵抗効果）ことを動作原理としている。ダイアフラムの形状は円形あるいは正方形であり，(1) 印加圧力による変形（応力解析），(2) 抵抗値の変化（応力・電気変換の解析），が解析対象であった。

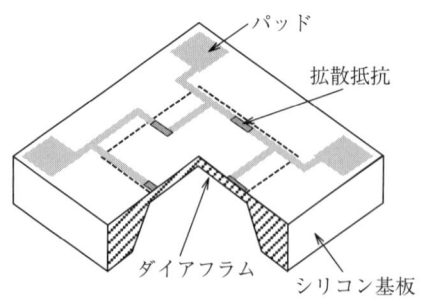

図 1.1　シリコンダイアフラム型圧力センサの構造

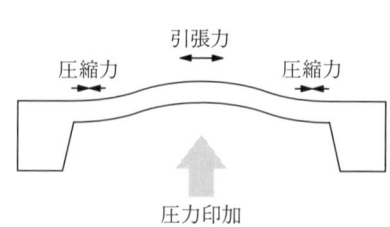

図 1.2　シリコンダイアフラム型圧力センサの動作原理

　円形ダイアフラムの応力解析では数式による理論解[3] が知られており，設計も比較的容易であった。一方，ダイアフラムの形状を正確に作製できる利点がある正方形ダイアフラムの場合には，理論解がないといわれていたが，板の理論[4] を拡張することにより得られることが報告[5] された。

---
†　肩付番号は章末の引用・参考文献の番号を表す。

これらの理論解では，(1) ダイアフラムの周辺は完全に固定，(2) ダイアフラム厚さは一定，(3) 機械物性は等方性，といった仮定が含まれている。実センサではこれらの仮定が成立せず（例えば，周辺領域も印加圧力に応じて変形する），理論解と実測値との対応づけには限界があった。この結果，設計技術の高度化のために有限要素法を用いたシミュレーションが行われるようになった[5),6)]。

汎用の**構造解析プログラム**（例えばNASTRANやSAP）は大型建造物の振動解析などのために実用化されてきた。実寸のモデルを製造しないで，計算で特性解析を行う**CAE**（computer aided engineering）であり，設計の信頼性と開発期間の短縮化に大きく寄与できた。MEMSはミリメートル以下の微小構造体で構成されているが，単にサイズが異なるだけであり，物性定数が同じと仮定すればこれらの構造解析プログラムが適用できる。この結果，ダイアフラムの実構造に対応した解析も可能となった。ただし，メッシュ作成も手作業であり，解析結果のビジュアル化もなく，すべてが手作業であった。また解析結果の妥当性については，理論解との比較検討により検証を行っていた。**図1.3**にSAPで解析されたダイアフラムの変形と応力分布の例を示す[7)]。

応力解析と応力-電気変換解析とをリンクさせることにより，ピエゾ抵抗効果の異方性によるセンサ特性も解析された。さらに，ダイアフラムの大たわみ

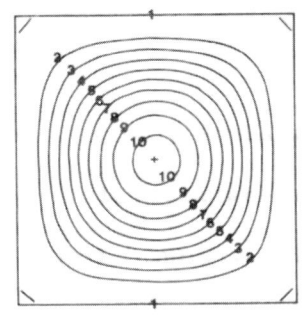

最内周リングは8.55 μmの変形を表示

（a）ダイアフラム面の変形

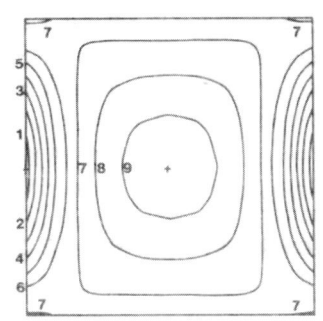

最内周リングは9.2 kg/mm^{2}の応力を表示

（b）応力（横方向）の分布

図1.3 ダイアフラムの解析結果例

効果による非線形解析も報告[8]され，シミュレーションによるセンサ設計が可能になった．

1.2.2 MEMSデバイス

1987年6月の国際会議で発表された可動機構を有するMEMS（当時はマイクロマシンと称されていた）は注目を集めた[9),10)]．シリコンを電子要素（トランジスタ）だけではなく機械要素としても利用[11)]することが特徴である．また，従来の機械製品は部品の製造後に組立工程が必要であったが，MEMSでは製造プロセスが終了した段階で組立ても完了しているという革新性もあった．

当初のMEMSは静電気力を駆動源としたモータ[12)]（回転や並進）が研究の中心であったが，その後，電磁力，圧電効果を組み合わせた機構も提案された．応用分野も機械から共振デバイス，スイッチ，プリンタヘッド，光走査のディスプレイに広がり，使用材料もシリコンから水晶，プラスチックまで広がっている．

この分野でも機械特性の把握や設計ツールとしてシミュレータが多用されている．ただし，構造体が小さくなると物性定数も変化するので，微小材料の試験法も併せて研究されている（3章参照）．また，製造工程に起因する寸法誤差（エッチング量の誤差など）は機械特性に大きく影響する．設計値からこの誤差を見込んだ実際の値を想定してシミュレーションすることも重要である．

1.3 有限要素法とシミュレータ

1.3.1 有限要素法

連続体の運動方程式は，外力F，質量m，減衰係数ζ，剛性（ばね定数）kとすると

$$F = m\frac{d^2x}{dt^2} + \zeta\frac{dx}{dt} + kx \tag{1.1}$$

この系のエネルギー保存則は

$$Fx = \frac{1}{2}m\left(\frac{dx}{dt}\right)^2 + \frac{1}{2}kx^2 \tag{1.2}$$

一般に上式を解析的に解くことはできず，差分方程式に変換して有限要素法[13)～15)]などで解くことになる。

有限要素法では，構造体を小さなメッシュ（三角形あるいは四角錐など）に分割して，たがいに隣接するメッシュ間に差分方程式を適用する。構造体全体では大きなマトリックス演算を行うことになる。

図1.4にコンピュータで構造解析するときの手順を示す。

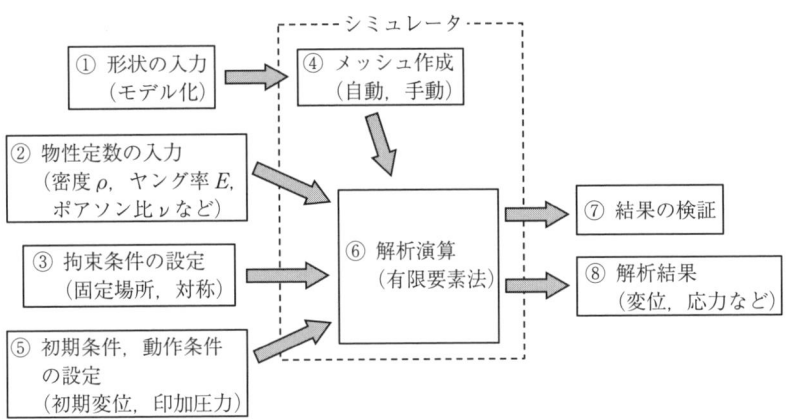

図1.4 構造解析の手順

① **形状の入力**　解析対象のモデル化である。簡略化された構造から始め，順次複雑化するのがよい。また，構造体に対称性がある場合は半切断したモデルとし，③で対称性を付加する。
② **物性定数の入力**　既知のデータを入力する。
③ **拘束条件**　固定場所や構造対称の条件などを設定する。
④ **メッシュ作成**　有限要素法で最もキーになる作業であるが，シミュレータの自動作成機能を利用することが多い。三角形あるいは四角錐要素でメッシュを作成するのが一般的である。解析精度を上げるために四角形

や多面体要素を使うこともあるが，演算時間が長くなる。自動作成機能には，他の領域よりも微細な構造をもつ領域に対しては自動的にメッシュを小さくする機能もある。少ないメッシュ数で解析精度を上げるために，応力が集中する領域のメッシュを小さくする手法も用いられる。ただし，応力は境界条件として与えられるのでメッシュの自動作成機能は利用できない。メッシュ作成では，解析精度と演算時間という相反する要因を両立させることが重要である。

⑤ **初期条件，動作条件**　基準時刻での変形，応力などの初期条件と，構造体に外部から印加される力，圧力などを設定する。

⑥ **解析演算**　シミュレータのソルバで演算が実行される。シミュレータによっては演算途中での誤差が大きくなると演算を停止することもある。この場合は，設定誤差を大きくして解を得てから，解の妥当性を検証する必要がある。

⑦ **結果の検証**　ソルバは，物理的な意味とは無関係に単純に演算するだけであるから，与えられた条件下で必ず解を出力する。このため，解が妥当かどうか，物理的に正しいかどうかの検証は必須である。

⑧ **解析結果**　解析結果のデータ容量は数百 MB にも達することがある。これは，各メッシュでのすべての情報を含んでいるためである。変位や応力が必要な情報であるが，メッシュ接点の速度，加速度，反力なども解析後に得ることができる。

1.3.2　シミュレータ

現在では多くの汎用解析シミュレータが利用できる。ANSYS[16]，ABAQUS[17]，ADINA などである。これらの多くは他の機械系 CAD（AutoCAD, Pro/Engineer, SolidWorks など）とのデータ交換が可能な機能をもっている。機械系 CAD で作成したモデルデータを解析シミュレータへ取り込み，解析した結果を CAD へ反映させることができる。このため，設計から製造までデータを共有しながら一貫した流れを構築できる。近年では MEMS に特化したシミュレータも提

供されている[18]。経済産業省の支援を受けて開発された国産のMemsONEシミュレータ[19]もある。従来の構造解析シミュレータは機械構造体の解析に適していたが，MEMSでは機械量以外に電気量，化学量なども解析対象とすることが要求されている。複数の物理量（マルチフィジックス）を解析対象としたシミュレータである。

本項では静電駆動型MEMSを例としてマルチフィジックスシミュレータの有効性を述べる。図1.5は固定電極とばねで支持された可動電極で構成されるアクチュエータの例である。固定電極に電圧を印加して接地された可動電極を動かす。電極間に発生する静電気力はF_pとF_bとF_cである。F_pとF_bは平行平板間に作用する力であり，F_cは電極対向面積を大きくするように作用する力（comb drive force）である。

$$F_p, F_b = \frac{1}{2}\frac{\varepsilon_0 A}{d_0^2} V^2 \tag{1.3}$$

$$F_c = \frac{\varepsilon_0 t}{d_0} V^2 \tag{1.4}$$

ε_0は真空の誘電率，Aは電極が対向する面積，d_0は電極間ギャップ，tは電極が対向する面の厚さ，Vは印加電圧である。ANSYSなどのシミュレータで解析するときは，構造と駆動条件から三つの力を算定し，この力に相当する圧力

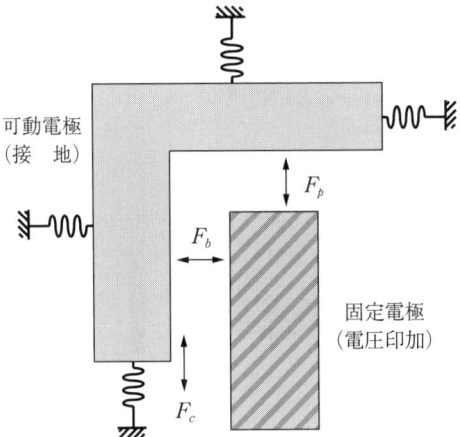

図1.5 静電型MEMSの構造例

(空気圧)を作用面に加えている。もし構造体表面に凹凸がある（d_0が場所によって異なる）場合には，それぞれのd_0に対応した圧力を，それぞれの表面に垂直に与える必要がある。特に，丸みを帯びた凹凸の場合は圧力印加が複雑になる。

また，式 (1.3) と式 (1.4) では電極端部での電場の広がりが考慮されていない。いずれも対向する電極の長さが無限大であり，その一部を切り出して表現したものである。実際の MEMS では，電極の端部では電場の 2 次元的な広がりがあるため，作用する力は式 (1.3) や式 (1.4) よりも大きな値となる。換算した圧力を印加するシミュレーション手法ではこれらの効果を考慮できない。このため，解析精度を上げるためには，印加する電圧から電場分布を計算し，この分布から力を計算する必要がある。ここにマルチフィジックスシミュレータを利用する利点がある。

近年，マルチフィジックスを謳ったシミュレータが登場してきているが，対象とする物理量には制限がある。COMSOL MEMS モジュール[20),21)]は比較的広い対象でマルチフィジックス環境を提供している。図 1.6 は，空気中に図 1.5 の構造体を置き，固定電極に 10 V を印加，可動電極を接地した条件で解析し

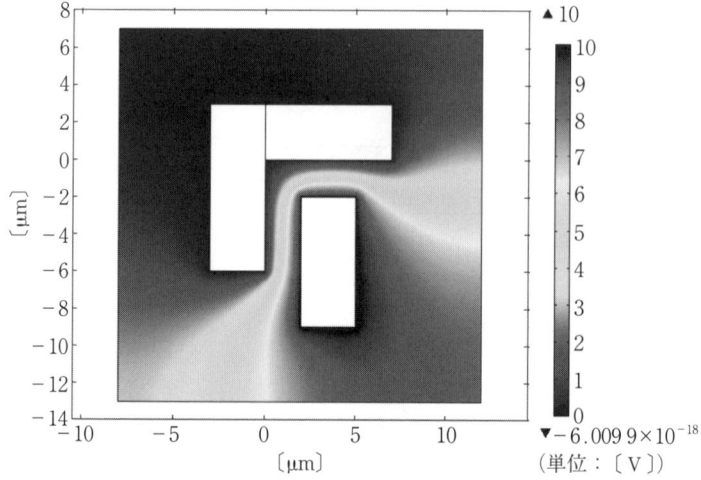

図 1.6　静電型 MEMS での電場分布（カラー図をコロナ社 Web ページに掲載）

た例である．電極端部での電場が明瞭に解析されており，2次元空間での力の解析が可能であることがわかる．

なお，図1.6では「電場の媒体（空気あるいは真空）」は必須である．「媒体がない」状態では電位が異なる物体間に電場が生成されないからである．

1.4 シミュレーション例

1.4.1 フィッシュボーン型共振器

携帯型通信機器では多バンド化，小型化，高周波化などが要求されている．多バンド化では各バンドごとにフィルタを搭載することになり，表面弾性波（SAW）デバイスや水晶振動子を多く使用し，回路が大規模かつ複雑になる．単一のデバイスで複数の動作周波数が得られるならば機器の小型化，低消費電力化が期待できる．フィッシュボーン型 MEMS デバイス[22]は外部からの制御により複数の周波数で動作させることができる．**図1.7**はデバイス構造である．両端が固定された主ビームに複数の副ビームが配置され，それぞれの副ビームには駆動電極が対向配置されている．主副ビームを接地電位にし，駆動電極に交流電圧を印加することにより，発生した静電気力で副ビームに曲げモーメントを誘起している．**図1.8**は固有周波数解析で得られたデバイスの変形である．駆動電極への電圧を個別に設定することにより，これらのモード

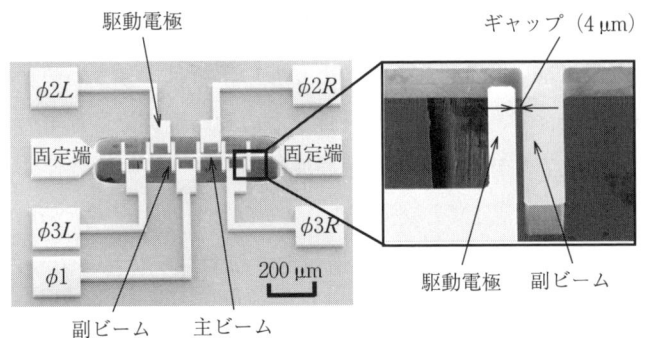

図 1.7 フィッシュボーン型 MEMS の構造

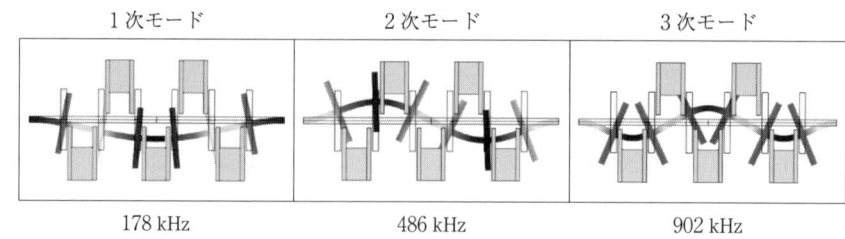

図1.8　1次から3次までの共振モード

のいずれかで動作させることができる。すなわち，単一デバイスで複数の周波数帯に対応できる特徴がある。

駆動電極と主-副ビーム間には静電気力（図1.5）が発生する。それらはいずれもギャップ長，対向する長さなど，実デバイスの幾何学的な形状に依存する。このため，実デバイスの形状は設計値（フォトマスク上での寸法）と異なることに注意する必要がある。例えば，製造工程において，露光条件やエッチング条件などにより寸法誤差が発生する。特に狭いギャップ領域に対しては，たとえ寸法誤差の絶対値が小さくても，相対誤差は大きくなる。静電気力はギャップ長さに依存するので実デバイスに対応した解析が必須となる。

静電駆動型MEMSでは印加した電圧の正負によらず吸引力が発生し（式(1.3)），反発力は発生しない。このため，交流信号を印加する場合には直流電圧を重畳させ，交流信号の谷の部分でもつねに正の電圧となるようにしている。直流電圧を重畳しないときには2倍の周波数で励振されるので，実デバイスの駆動では留意しなければならない。シミュレータ解析でも「直流電圧でバイアスされた交流電圧」を供給しないと正しい解析はできないことになる。Prestressed Analysisであり，周波数特性などの動的解析で留意すべき点である。図1.9は図1.7のデバイスの共振周波数近傍での周波数特性である。中央の駆動電極のみに直流1Vと交流0.1Vとを印加し，主ビームの中央点での変位が示されている。図（a）は位相情報を含む変位の特性，図（b）はその絶対値（振幅）の特性である。周波数特性を解析する場合，① 固有周波数解析で共振周波数を同定，② 共振周波数中心の広い範囲で概略的な特性を把

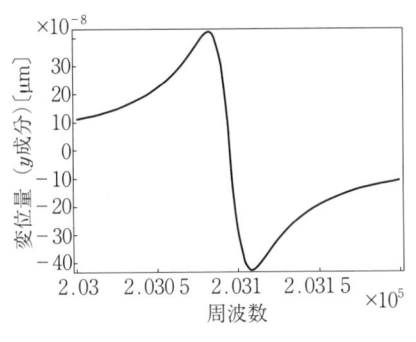
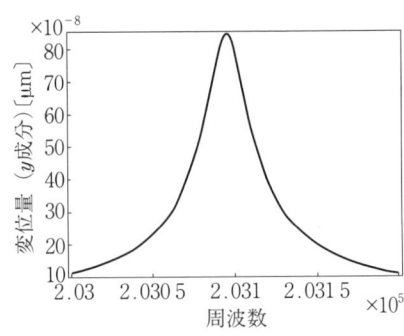

（a）位相情報を含む変位の特性　　　　　（b）図（a）の絶対値

図1.9 共振周波数近傍での周波数特性

握，③ 周波数範囲を狭くしながら詳細な特性を把握，の手順で行うとよい。周波数範囲が大きく，周波数刻みが小さいときには膨大な演算時間がかかるためである。

フィッシュボーン型デバイスの最適設計のためには F_b, F_c, F_p の力を分離して解析することが必要になる。**図1.10**はこれらの力を分離するために，不要な力の発生を防止する仮想的なシールド電極を配置した例[22]である。4 μm のギャップ領域に幅1 μm のシールド電極を配置している。図（a）〜（c）に対して解析を行うことにより，三つの力の大きさと，ビームの変形量を求めることができる。つぎに，この解析をそれぞれの駆動電極に対して行えば，各駆動電極でのそれぞれの力による主ビームの変形（力を変位に変換する効率）を求めることができる。i 番目のモードでの主ビームの最大変位量は式 (1.5) となる。

$$\begin{pmatrix} \vdots \\ A_i e^{j\theta_i} \\ \vdots \end{pmatrix} = V_{ac} \begin{pmatrix} \cdots & \cdots & \cdots \\ & a_{ik} & \\ \vdots & & \end{pmatrix} \begin{pmatrix} \vdots \\ V_{DC,k} \\ \vdots \end{pmatrix} \quad (1.5)$$

ここで，A_i と θ_i は変位の振幅と位相，$V_{DC,k}$ は k 番目の駆動電極に印加する直流電圧，V_{ac} はすべての駆動電極に印加する共通の交流電圧，a_{ik} は k 番目の駆動電極のみを励振したときの i 番目のモードの変位に対する変換効率である。

n 番目のモードでの主ビーム変位 A_n を最大にするためには，それ以外の

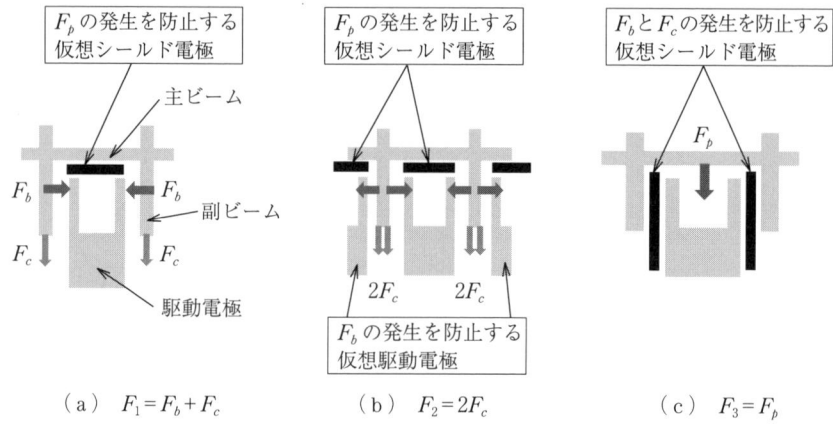

図 1.10 駆動電極と主・副ビーム間に作用する力の分離

モードでの変位の総和 M_n との比（除去比）R_n を最大にする。

$$R_n = \left| \frac{A_n}{M_n} \right| \tag{1.6}$$

$$M_n = \frac{1}{m-1} \times \sqrt{\sum_{k=1, k \neq n}^{m} A_k^2} \tag{1.7}$$

R_n の最大化には各駆動電極へ印加した直流電圧 $V_{DC,k}$ をパラメータとして Excel のソルバを用いる。**図 1.11** は 2 次モードでの最適化例の実測値である。

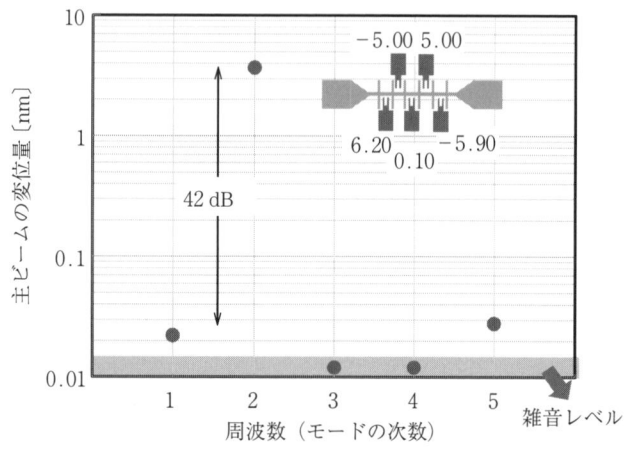

図 1.11 2 次モードを最適化したときの特性

他モードでの変位と比較して 42 dB の除去比が得られている。

1.4.2 MEMS スイッチ

電子工学の進歩は，機械要素を電子要素で置き換え，機器の小型化，省電力化に寄与してきた。例えば，機械的なスイッチを半導体スイッチで代替することにより，接点が接触する際のチャタリングや接点寿命を回避してきた。また，機械スイッチの応答速度限界は機構部の大きさに依存するので，容易に小型化ができる電子要素の特徴が生かされていた。しかしながら，MEMS の登場で従来の機構部の微小化限界がなくなり，単純構成の機械要素が再び注目を集めるに至った。機械要素の微小化はスケーリング（縮小）則の考え方で達成できる。ただし，微小化に伴い構成部品の重量よりも表面積の効果が大きくなるので，従来とは異なった視点での開発が必要である。また，接点部の表面形状や物性値もサイズの微小化に合わせて見直す必要がある。

MEMS スイッチは一部商品化されている。接点の接触により導通を得ているので，導通時の抵抗（ON 抵抗）が小さく，小型パッケージ，半導体技術による量産で低価格といった特徴がある。静電駆動型スイッチでは駆動電圧が大きい（約 30 V）ので，内部に電圧の昇圧回路を集積化した例[23]もある。

図 1.12 は高周波用の MEMS スイッチ[24],[25]の構造例である。コプレーナ導波路の上部に薄膜金属の可動電極があり，基板表面の固定電極との間に電圧を印加することにより，導波路と接点部が導通する。静電駆動型のシャント型スイッチである。可動電極は支持ばねで端部が固定されており，基板表面の接地電極に接続されている。図（a）は固定電極に電圧が印加されておらず「アップ状態」である。コプレーナ導波路の中央導体には紙面と垂直方向に高周波信号電流が流れている。一方，図（b）では電圧印加により発生した静電気力で可動電極がガラス基板側へたわみ「ダウン状態」になる。接点部は導波路と導通するので，信号電流は接点部から可動電極を経由して接地電極へ流れる。

「アップ状態」では，可動電極と導波路との間のギャップに形成される寄生容量のため，導波路を流れる高周波信号の一部が接地側へ流出し，高周波特性

14　　1. シミュレーション

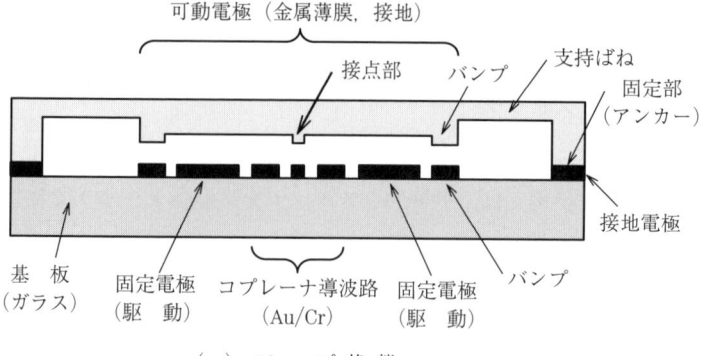

（a）アップ状態

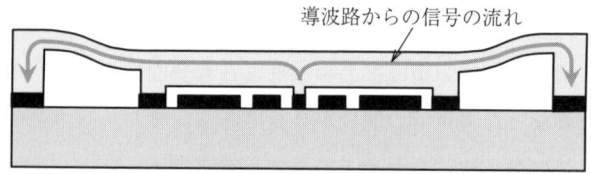

（b）ダウン状態

図1.12　高周波用 MEMS スイッチの構造

が劣化する可能性がある。これを防止するためにはギャップを大きくすればよいが，駆動電圧が大きくなる。また，駆動電圧を抑制するために支持ばねの剛性を小さくすることもできるが，信頼性が低下する。これらの相反要因を考慮した設計が重要である。それぞれの状態でのスイッチの高周波特性は電子回路シミュレータ SONNET[26]（無償の Sonnet Lite あり）や ADS[27] で解析され最適化設計を指向している。これらのシミュレータでは回路構成やレイアウト（伝送路の形状やサイズ）を入力して，高周波特性を解析することができる。

図1.13 は MEMS スイッチ[24),25)] の SEM 写真である。スイッチ駆動のための電圧を低減するため支持ばねは「コ」字形になっており，4端が固定されている。駆動電圧 12 V の印加で「ダウン状態」になり，0.5～1.7 V に駆動電圧が低下すると「アップ状態」に復帰する特性である。

スイッチを高速動作（短いスイッチング時間）させる場合，可動部分の過渡特性を向上させることが必要となる。**図1.14** はスイッチの過渡特性である。

1.4 シミュレーション例

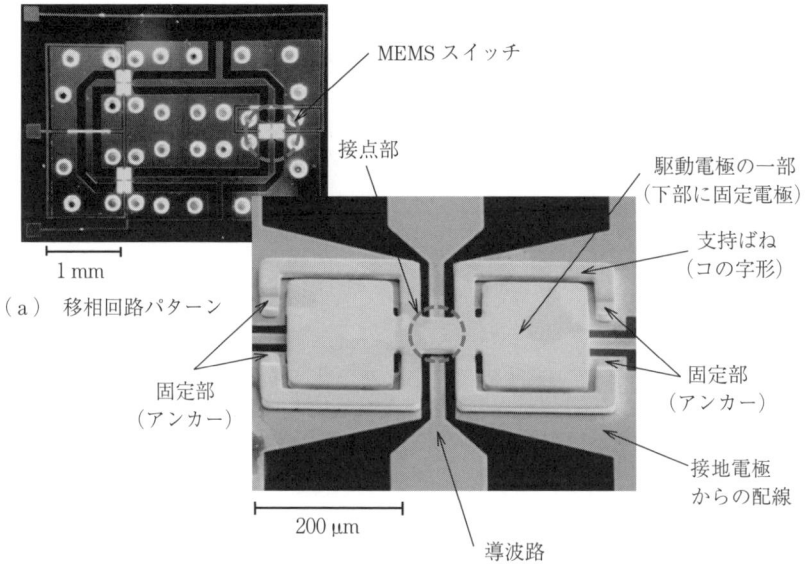

（a） 移相回路パターン

（b） MEMSスイッチ

図1.13　高周波用MEMSスイッチ

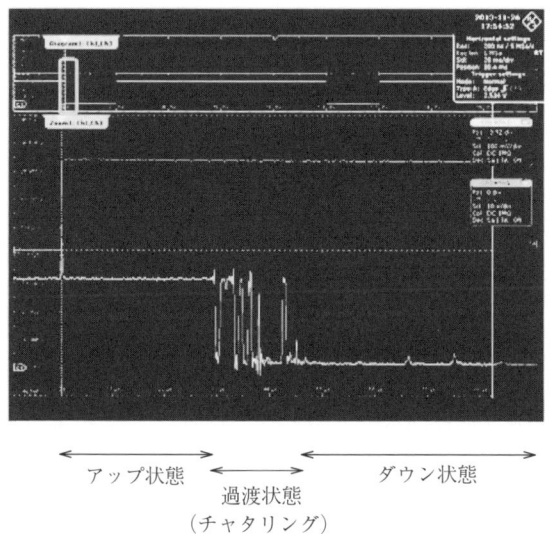

図1.14　MEMSスイッチの過渡特性（アップ状態からダウン状態へ推移）

真空中での動作であり，アップからダウンの間に接点がバウンスし不安定な過渡特性が現れている。この特性を把握するため可動電極の振動を解析した例を以下に示す。解析には COMSOL MEMS モジュールの時間依存（time dependent）解析を用いている。機械的な振動では構造体のダンピング係数が大きく影響する。係数が大きいほど減衰振動が顕著になる。ダンピング係数 ζ と振動の Q 値とは次式で関係づけられている。

$$Q = \frac{1}{2\zeta} \tag{1.8}$$

一方，シミュレータでの解析を安定化，効率化するためにレイリー減衰 ζ_R が提案されている。物理的な対応はできない仮想的な減衰（数学的なモデル）であり，質量 m と剛性（ばね定数）k を用いた次式で定義されている。

$$\zeta_R = \alpha m + \beta k \tag{1.9}$$

ただし，ζ_R は周波数依存性があり，一定値である式 (1.8) とは異なっている。COMSOL ではレイリー減衰を用いており，α と β を設定する。具体的には系の周波数特性から得られた Q 値の解析値が，実測の Q 値と等しくなるようにする。図 1.15 は Q 値の α と β による周波数特性例である。β が大きくなると Q 値は小さくなり，かつ低周波側で Q 値が増大する。一方，α が大きくなる

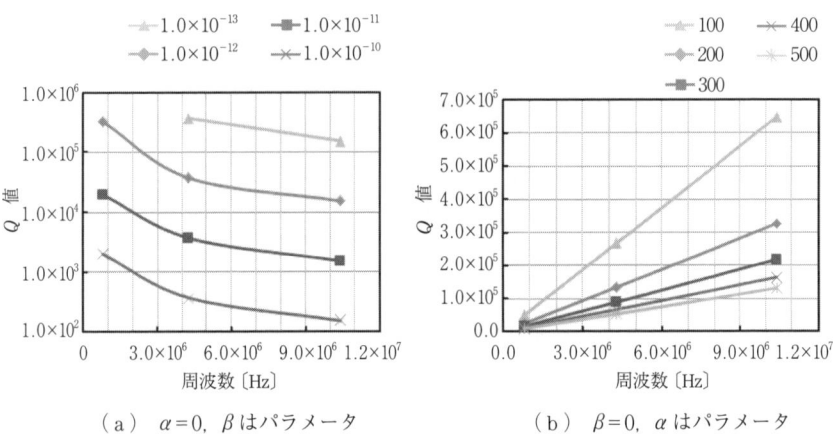

(a) $\alpha = 0$，β はパラメータ　　(b) $\beta = 0$，α はパラメータ

図 1.15　α と β による Q 値の周波数依存性

と Q 値は小さくなり，高周波側で Q 値が増大する。これらより，特定の周波数では α と β の値により所望の Q 値に設定できる。広い周波数範囲にわたって所望の Q 値を実現する α と β の値はないので，周波数解析時には注意を要する。

図 1.16 は MEMS スイッチの解析モデルであり，全体の 1/4 モデルである。解析ではスイッチ全体を空気層で覆っているが，図では省略してある。空気層を入れたときのメッシュ数は 38 908（四角錐）になる。**図 1.17** は固定電極に 10 V を印加，可動電極を接地したときの，空気層に形成される電場を示している。この図は図 1.16 を 10 等分に切断した面での電場である。固定電極の上側表面が 10 V，可動電極の下側表面が 0 V であり，その間の空気層に電場が形成され，端部では電場の広がりが見られる。端部での電場の広がりも可動電極の変位に寄与していることが示唆されている。

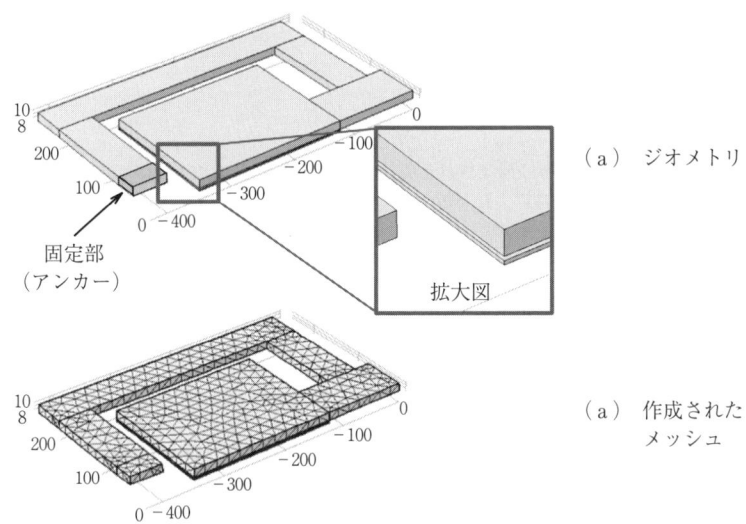

図 1.16 解析モデル（1/4 モデル，図面では周囲の空気層は省略されている）

図 1.18 は固定電極に 10 V を印加して可動電極を下側へたわませたときの変位（static）を示す。0.04 μm の変位と構造体の変形状態が示されている。

可動電極の振動特性の解析では，$\alpha = 130$ /s，$\beta = 1 \times e^{-12}$〔s〕を用いた。こ

18　　1.　シミュレーション

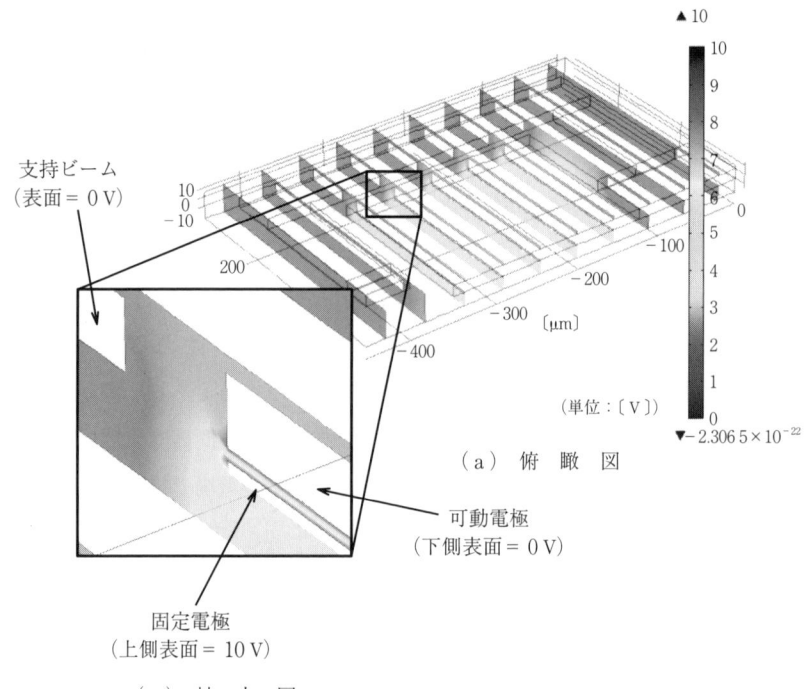

(a) 俯　瞰　図

(b) 拡　大　図

図 1.17　空気層に形成される電場（1/4 モデル，DC10V を印加）
（カラー図をコロナ社 Web ページに掲載。図 1.18，図 1.19 も同様）

れらの値は共振周波数（22 kHz）での Q 値が 1 000 であり，実測の Q 値とほぼ等しい。**図 1.19** は固定電極に 10 V のステップ状電圧を印加したときの振動特性である。図（a）の時間応答特性では，0.04 μm を中心として構造体が大きく振動していることが示されている。この特性の周波数解析（FFT）結果は図（b）である。20 kHz 近傍と 80 kHz 近傍に山が観測されている。この山は，固有周波数解析から得られた 1 次モードの共振周波数 22.67 kHz，2 次モードの共振周波数 76.49 kHz（図（c），（d））にそれぞれ対応している。2 次モードの振動の影響で図（a）の波形がゆがんでいることがわかる。この解析では構造体の減衰のみが考慮されており，空気層の粘性による減衰は考慮されていない。

図 1.12 と図 1.16 に示したように上部の可動電極と下部の固定電極間には数

1.4 シミュレーション例　　19

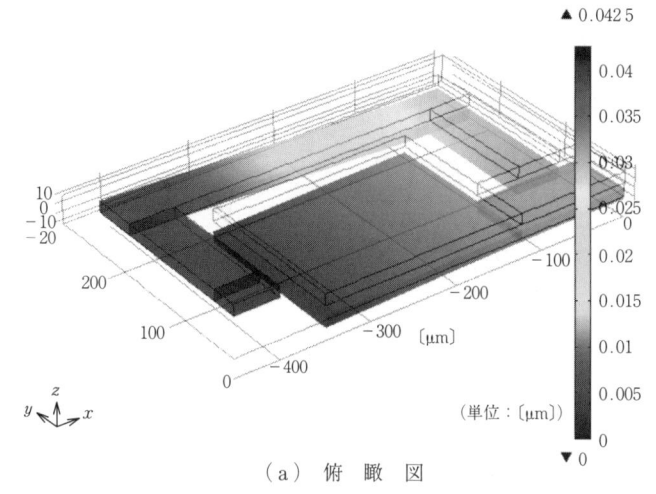

（a）俯　瞰　図

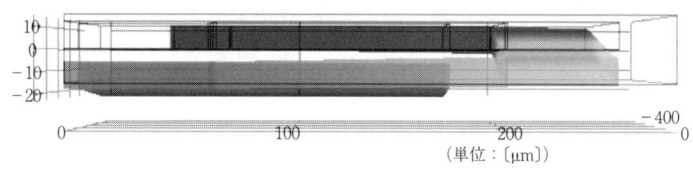

（b）横（zx 面）から見た変形

図 1.18　可動電極の変位（1/4 モデル，DC10 V を印加）

μm のギャップ（解析では 2 μm としている）があり，可動電極が上下に振動するときには，空気層の粘性が運動を妨げる。Squeezed-Film Damping あるいは Gas Damping と称される現象である。空気層の粘性による振動特性は修正レイノルズ方程式[28]を解くことにより得られる。解析結果例を**図 1.20**に示す。解析には修正レイノルズ方程式を用い，空気の粘性（viscosity，空気圧には依存せず），空気層の厚さ（片面のみ 2 μm），平均自由行程（大気圧での値を設定すると実際の空気圧時の値が自動計算される），空気圧（図では 5 kPa）を設定している。図 1.19 と比較すると減衰振動が明らかであり，0.04 μm の値に収束している。図（b）に示すように，ここでも 2 次モードの共振が観測されている。

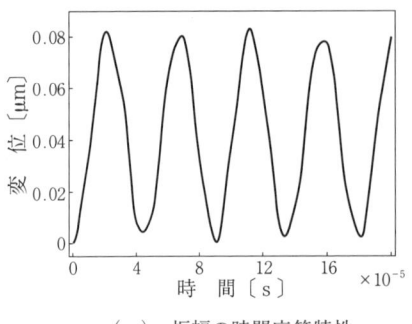

(a) 振幅の時間応答特性 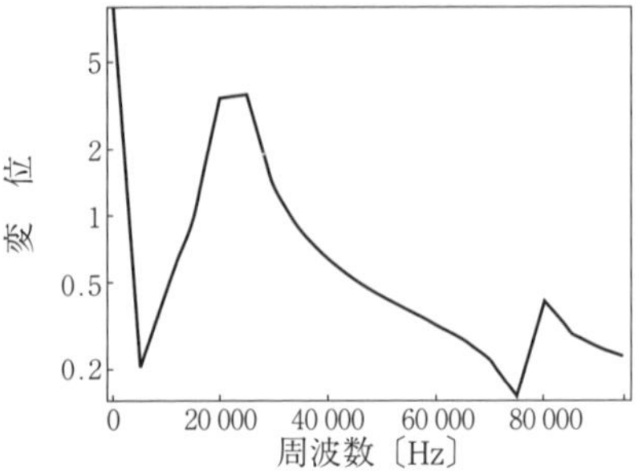　　　　　　(b) 周波数解析結果

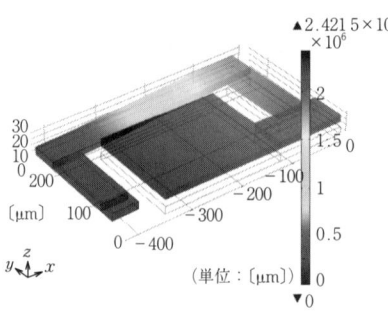
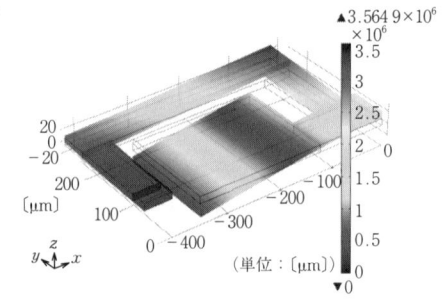

(c) 1次共振周波数 (22.67 kHz)　　　(d) 2次共振周波数 (76.49 kHz)

図 1.19 可動電極の振動特性 (10 V のステップ状パルスを印加)

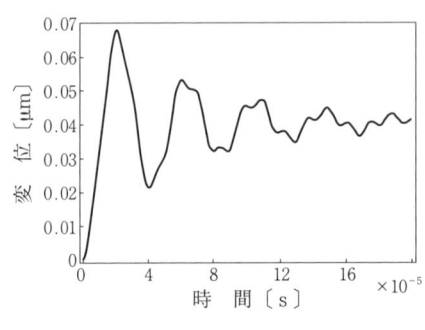
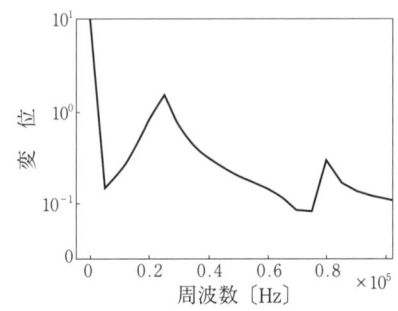

(a) 振幅の時間応答特性　　　　　　(b) 周波数解析結果

図 1.20 空気の粘性を考慮した可動電極の振動特性 (5 kPa 雰囲気)

減衰特性を定量的に実測値と比較することは困難ともいわれている。その理由としては高速で振動する構造体の動的挙動を精度よく検出することが困難であるからであろう。しかし，雰囲気圧力をパラメータとした定性的な傾向をつかむことはできる。例えば，同程度の減衰特性（ダンピング特性）を得るためには，狭いギャップ構造では空気圧を小さく（真空度を上げる）しなければならない。実装上での設計要因である。

1.4.3　評価用電子回路のシミュレーション

　MEMSの評価にはオシロスコープ，インピーダンスアナライザ，マルチメータなどの汎用計測器やレーザドップラー変位計などが使用される。MEMSは微小構造であるため，対象とする電気信号も微弱となる。このため，計測時の負荷容量を低減させるため増幅器などを集積化することも必要となる。集積回路の設計では回路シミュレータSPICEが著名であり多用されている。SPICEでは，(1) 使用する電子要素（トランジスタ）のパラメータを計測，(2) 回路を構成し要素のパラメータを用いて回路全体の特性をシミュレーション，する。(1)では安定した製造ラインで作製された電子要素を対象とすることが重要である。(2)では配線の長さや配線間の電磁干渉も考慮しなければならない。解析の結果，必要な特性が得られた場合には，フォトマスクのパターン設計に進む。

　MEMS評価では市販のLSIを用いて駆動・評価回路を構成することもある。この場合にはLSIを基本構成要素とした回路シミュレータが利用できる。LSI製造企業は，自社製品の拡販のため独自のシミュレータを無償公開している。例えば，LTSpice[29],[30]（リニアテクノロジー社）やTINA[31]（テキサス・インスツルメンツ社）である。これらでは代表的なLSIのSPICEモデルが登録されており，他社製品であってもSPICEモデルを新たに登録することができる。最近開発された製品については各社がSPICEモデルを発表しているので利用できる。ただし，シミュレータでは，配線の引き回し，浮遊容量，電源安定化のためのキャパシタなどは考慮されておらず，理想状態での配線を想定してい

る。このため，解析結果を実回路で実現するときには配線や電源系に注意しなければならない。特に高周波帯では浮遊容量や配線の長さが特性に大きく影響するので適用限界がある。

図 1.21 は TINA を用いて設計した電圧パルス発生回路の例である。電圧レギュレータ（LM317）を入力パルスでスイッチングし，その出力をパワー Op アンプで増幅する簡易的な構成である。TTL レベルの入力パルスに対して，最大 70 V_{pp} の出力が得られることが示されている。なお，この回路では，入力パルスがない状態で R_3 の抵抗値を変化させると，可変直流電圧が出力される。

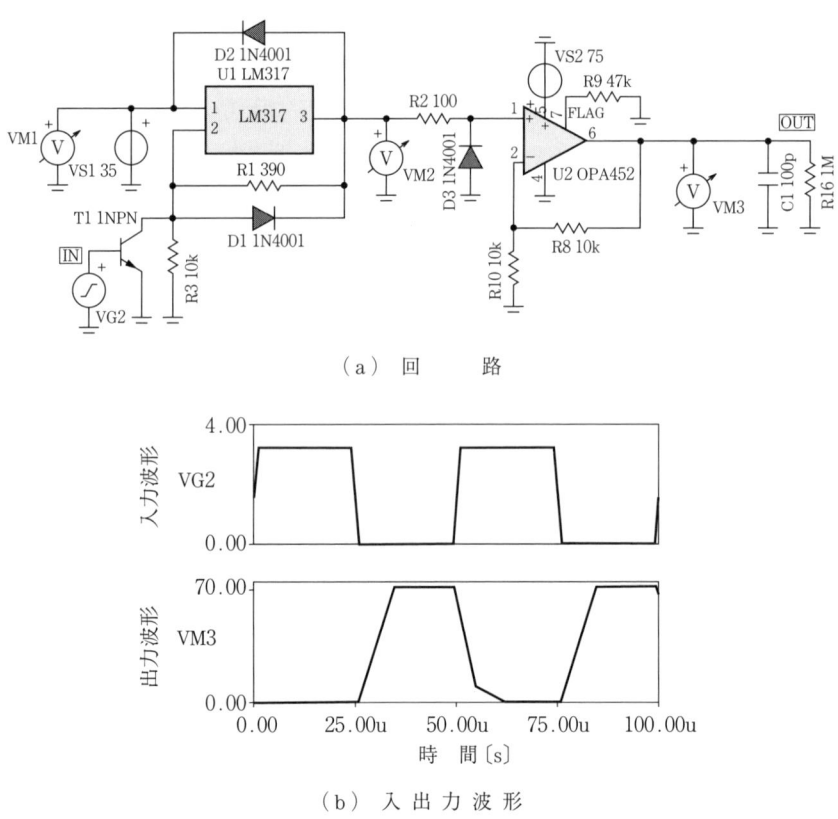

（a）回　　路

（b）入 出 力 波 形

図 1.21 高電圧パルス発生回路例

1.5 シミュレーションでの留意事項

1.5.1 ファイル保存の重要性

シミュレータ操作時には先を焦ってファイル保存を怠りがちである．保存のタイミングとしては，〔1〕モデル作成直後（メッシュ作成直前），〔2〕メッシュ作成直後，〔3〕一つの解析が終了した時点，〔4〕シミュレータ終了時，がある．

〔1〕 **モデル作成直後**　解析対象の規模に依存するがモデル作成では後日の修正が容易になるよう考慮すべきである．例えば，個々の要素の名称（デフォルトでは「Circular 24」といった表現）を連想できる名称に変更したり，各要素の順序をブロック単位でまとめることである．これを怠ると後日の修正段階で思わぬ勘違いが発生し，当初のモデルを壊す危険がある．モデル作成，材料設定などが終了したらファイルを保存する．

〔2〕 **メッシュ作成直後**　メッシュ自動作成でのトラブルは比較的少ないと思われる．しかし，モデルの形状やメッシュの設定（細かさ，対称性など）によっては，作成に失敗することもある．この場合，多くは「応答なし」状態になりPCの再起動が必要になる．再起動では作成したモデルそのものが失われるので，メッシュ作成直前のファイル保存は重要である．同じように，シミュレーション時に「応答なし」状態に陥ることもあるので，メッシュ作成直後のファイル保存も重要である．

〔3〕 **一つの解析が終了した時点**　メッシュ作成が完了したら解析条件の設定に移り，その後シミュレーションを開始する．解析時間はモデル規模（メッシュ数）や演算量（周波数解析でのステップ数）に依存する．演算途中で「誤差が指定範囲を超えた」というメッセージで解が得られないこともある．特に Q 値が高いデバイスで周波数解析を行う場合に発生しがちである．この場合，設定誤差を大きくしたり，ステップ刻みを小さくしたりして，解を求めることが先決である．得られた解の分析で対策を決めることもある．1回

のシミュレーションが終了したら，そのたびにファイル保存すべきである．解析内容が類推できるファイル名にするのがよい．このファイルにはすべての解析結果が含まれるので数百 MB に達することもある．ハードディスク容量を減らすため解析結果を削除（ソルバの削除）して保存することもある．この場合，保存されたファイルは「完全に作動する」ことが保証されているので，時間はかかるが，再度シミュレーションを実行すれば解が再現できる．

〔4〕**シミュレータ終了時**　シミュレータを閉じるときには，(1) 以前の版に上書きするか，(2) 新たに保存するか，を判断する．解析条件をパラメータとした作業では代表的な解析条件のファイルを残すのがよい．

以上のようにファイル保存は適宜に行うのがよい．シミュレータが「応答なし」状態になってもファイル復元が容易にできることを心がけるのが最善である．

1.5.2　解析結果の検証

近年の電子計測器はマイコンが搭載されており，計測原理に習熟していなくても計測は可能となっている．しかしながら，ディジタル表示された計測結果をそのまま採用すると誤った測定結果になることがある．計測原理，計測器が測定対象に与える影響，測定限界，数値の確度や精度などを把握することが必須である．このためには，特性が明らかな計測対象で計測して正しい結果が得られるかどうかで検証ができる．

同様なことがシミュレーションにも該当する．有限要素法を用いたシミュレーションは行列の計算であり必ず解が得られる．このため，解析結果は妥当であるか，その結果は物理的に納得できるかを十分に検討する必要がある．シミュレーションのモデルを簡素化して数式による理論解が得られる場合には，的確な検証が期待できる．特に初めて使用するシミュレータでは，片持ち梁のような単純構造体を対象とし，解析結果が理論解と合致することを確認するのがよい．「結果の検証」なしでシミュレータを使うことは厳に慎むべきである．

シミュレータ内では数学的な演算が行われるので結果も多桁で表示される．

6〜7桁もの数値が表示されるが，有効数字の桁数には注意が必要である。解析対象のモデル化では構造を簡略化することが多い。例えば，面取り部分を直角で近似したり，エッチングでの角の丸みを無視している。このため，モデル化に伴い解析解には必ず誤差が含まれるので，多桁の数値を正しいと判断することはできない。さらに，構造解析ではヤング率，誘電率，密度，ポアソン比などを物理定数として与えるが，いずれの精度も3桁以下である。これらを考慮すると，シミュレーション結果の精度の目安としては数パーセントの誤差があるとみなすのが妥当であろう。

1.5.3　2次元モデルと3次元モデル

現在のシミュレータは3次元構造体を解析対象としている3次元解析である。この場合，解析精度を向上させるためにメッシュを小さくすると，解析時間とコンピュータのメモリ容量が大きくなる。もし，解析対象の平面内での挙動を求めることが目的であるならば，2次元解析で行うのがよい。2次元解析では，構造体は厚さ方向に一定の長さ（例えば1 m）を有し，かつメッシュ要素の変位を厚さ方向に拘束（動かない）している。厚さが大きくなると剛性も大きくなるが，作用する静電気力も同様に大きくなる。このため，厚さとは独立に2次元平面内での解析が可能となる。

図1.22（a）はNi薄膜のリング型共振器[32]のモデルである。この固有周波数解析を例として2次元と3次元の比較を行う。固有周波数解析とは外力がない場合の系の自由振動を求めることである。この場合，式(1.1)は式(1.10)となり，解は式(1.11)になる。

$$0 = m\frac{d^2x}{dt^2} + kx \tag{1.10}$$

$$x = A\cos\left(\sqrt{\frac{k}{m}}\,t + \phi\right) \tag{1.11}$$

振幅 A は定義されないので，解析結果の振幅情報は相対値である。

図（b），（c）に示すように，共振器の表面でのメッシュ粗さがほぼ同程度

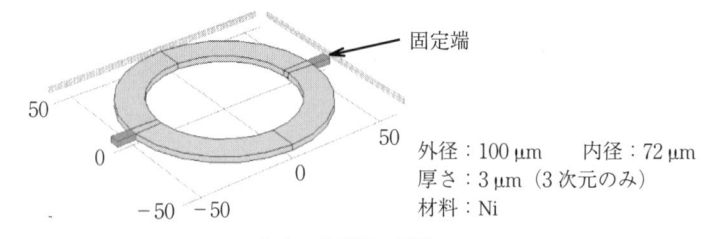

(a) 共振器の構造

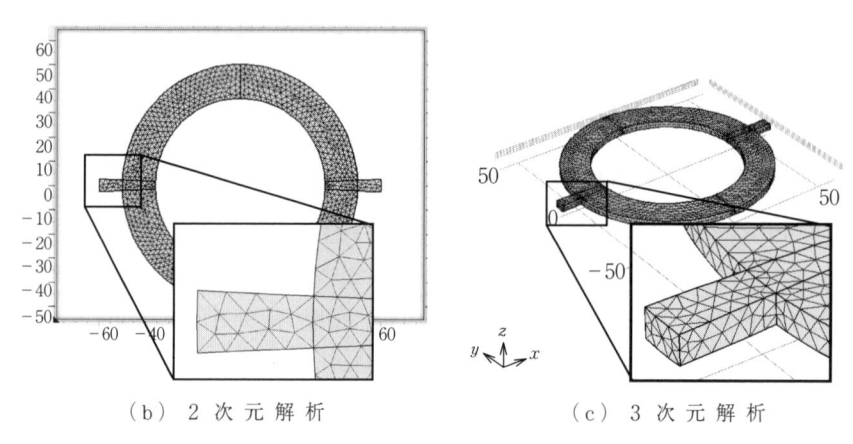

外径：100 μm　　内径：72 μm
厚さ：3 μm（3次元のみ）
材料：Ni

(b) 2次元解析　　　　(c) 3次元解析

図 1.22 Ni リング共振器の2次元解析モデルと3次元解析モデル
（三角形と四角錐要素によるメッシュ）

になるように，それぞれのメッシュを作成してある．固有周波数解析を行った結果を**表 1.1** に示す．使用する PC 環境により数値は異なってくるが，2次元モデルではメモリ容量，計算時間，ファイル容量が大幅に少なくなっていることがわかる．なお，共振の1次周波数が約 10% 異なっているが，これは，3次元解析では厚さ方向にも自由度があるため，この方向にも変位が発生している（本来の Ex(1, 2) モードは平面内の振動）ためである．表 1.1 の例は小規模なモデルであるが，大規模になると2次元解析の有効性は大きくなる．

モデルを実構造体に近づけるほど解析精度が向上することを期待しがちであるが，必ずしも当てはまらない．妥当なメモリ容量，計算時間で解析を行い，境界条件や駆動条件による解の傾向をつかむことも重要である．要は，解析の目的は何か，何を知りたいかを見極め，妥当なモデル化をすることである．

1.5 シミュレーションでの留意事項

表1.1 2次元解析と3次元解析の比較

	2次元	3次元
メッシュ数（形状）	1 976（三角形）	12 141（四角錐）
自由度	8 400	64 035
固有周波数解析		
メモリ容量	680 MB	1.5 GB
計算時間〔秒〕	6	34
ファイル容量	5.7 MB	44 MB
1次周波数〔MHz〕	206.1	185.7

メッシュの生成はデフォルトを使用
使用PC　CPU　　Intel i5-2400（3.1 GHz）
　　　　DRAM　 16 GB
　　　　OS　　　Windows 7（64bit）
　　　　COMSOL 4.3a（MEMS Module）

Ex(1,2) モードの振動

1.5.4　周波数解析での留意点

解析対象の周波数応答特性を求める場合には，粗い解析から開始し，順次細かい解析へ進むのがよい．一般には固有周波数解析で共振周波数を求め，その周囲での応答特性を求めている．最初から共振周波数を含む広い周波数範囲を細かい周波数ステップで解析すると膨大な時間がかかり，シミュレーションの進行状況もつかめない．このため，最初は共振周波数を含む広い範囲を粗い周波数ステップで解析する．この場合，特性のピーク値（振幅）の精度は低いが全体の傾向をつかむことができる．つづいて，この周波数範囲を次第に狭めながら詳細解析を行う．もし，応答特性のピーク値やQ値を求めたいならば，ピーク値周囲の半値幅内に少なくとも5点の計算結果が必要であろう．

シミュレータによっては「周波数ステップを自動的に増減」させる機能がある．変化が小さい領域ではステップを大きくし，変化が大きい領域ではステップを小さくする手法である．Q値が大きい場合にこの手法を適用すると，変化が小さな領域での大きな1ステップが共振周波数を越えてしまう可能性がある．この結果，ピーク値を正しく検出できないことになるので，一定のステップで解析するよう設定変更が必須である．

1.5.5　解析結果の活用

シミュレータ内ではすべてのメッシュ要素にかかわるすべての情報が取得され，ファイル化される．変位（x, y, z 各方向）の絶対値と位相，応力（x, y, z 各方向），ひずみなどである．マルチフィジックスの場合には，電位，電気力線，電荷量なども得られる．このため，1 回の解析でもファイル容量は膨大になる．例えば，図 1.18（static）と図 1.19（time dependent）の解析例では，データファイル容量は 400 MB にも達する．一般にはこのごく一部のみ（例えば変位の絶対値）を使用することが多い．大容量のファイルから必要な情報を取り出し，いかに活用するかは利用者の腕次第である．取り出した情報を Excel などを用いて加工する（end user computing）こともシミュレータの活用につながる．

1.5.6　練習問題の活用

シミュレーション結果を引用している論文は多い．しかし，結果のみの引用であり，具体的な設定条件や物理定数が不明のためフォローすることが難しい．シミュレータには練習問題（Tutorial モデル）があるので，これらを十分に活用することも重要である．解析したい課題に近いモデルがある場合には，これを修正，発展させることも可能である．シミュレータには固有の設定などがあるので，練習問題を通して習熟度を上げ，マスターすることが必要である．特に，誤差の設定，演算の順序などはシミュレータのアルゴリズムにも依存するので，解析頻度を上げて順次習熟度を上げることが必要であろう．

1.6　お わ り に

シミュレータの進歩は PC，ワークステーションの高性能化，低価格化などに支えられてきた．往時の大型コンピュータによる解析が小さな PC でも解析可能になっている．また，シミュレータ自身も演算アルゴリズムの開発が進み，計算速度も速くなっている．今後も高度化が進み，より使い勝手のよいシミュレータが登場することだろう．MEMS 分野では単なる構造解析だけではなく，電気系，流体系，音響系といった他の物理量と結合した解析が要求され

ているので，マルチフィジックス環境の高度化が期待される。また，電子回路系でのシミュレータ（例えばSPICE）と連携した解析が可能になると，MEMSの統一的な解析も可能になると思われる。真にMEMSが普及するために今後もシミュレーション技術の発展を期待する。

引用・参考文献

1) 電気学会 編：暮らしの中のセンサ・マイクロマシン技術，電気学会誌，**134**, 3, pp.127-151（2014）
2) O.N. Tufte, P.W. Chapman and D. Long：Silicon Diffused-Element Piezoresistive Diaphragms, J. Appl. Phys., **33**, 11, pp.3322-3327（1962）
3) Samaun, K.D. Wise and J.B. Angel：An IC Piezoresistive Pressure Sensor for Biomedical Instrumentation, IEEE Trans., **BME-20**, 2, pp.101-109（1973）
4) チモシェンコ，ヴァアノフスキークリーガー：板とシェルの理論（上），ブレイン図書出版（1973）
5) 鈴木健一郎，谷川　紘，平田雅規，石原　力：シリコンダイアフラム形圧力センサの解析，電子通信学会 研究会，**ED84-56**, pp.27-34（1984）
6) S.K. Clark and K.D. Wise：Pressure Sensitivity in Anisotropically Etched Thin-Diaphragm Pressure Sensors, IEEE Trans., **ED-26**, 12, pp1887-1896（1979）
7) 谷川　紘：集積化シリコン圧力センサ，第40回研究例会資料，センシング技術応用研究会（1984）
8) K. Suzuki, T. Ishihara and H. Tanigawa：Nonlinearity Analyses on Silicon Pressure Sensitivity, Proc. 5th Sensor Symposium, pp.159-163（1985）
9) L-S. Fan, Y-C. Tai and R.S. Muller：PIN JOINTS, GEARS, SPRINGS, CRANKS, AND OTHER NOVEL MICROMECHANICAL STRUCTURES, Proc. TRANSDUCERS'87, pp.849-852（1987）
10) W.S.N. Trimmer, K.J. Gabriel and R. Mahadevan：SILICON ELECTROSTATIC MOTORS, Proc. TRANSDUCERS'87, pp.857-860（1987）
11) K.E. Pertersen：Silicon as a Mechanical Material, Proc. IEEE, pp.420-457（1982）
12) M. Mehregany, K.J. Gabriel and W.S.N. Trimmer：Integrated Fabrication of Polysilicon Mechanisms, IEEE Trans., **ED-35**, 6, pp.719-723（1988）
13) 小寺秀俊 監修：有限要素法の学び方，日刊工業新聞（2012）
14) 西村　尚：例題で学ぶ材料力学，丸善（2006）
15) 岸　正彦：構造解析のための有限要素法実践ハンドブック，森北出版（2007）
16) http://ansys.jp†

---

† 本書に掲載されているURLは，本書編集当時のものであり，変更される場合がある。

17) J. Fish and T. Belytschko：有限要素法，丸善（2008）
18) MEMS設計・解析支援シミュレーションシステムに関する調査研究報告書（要旨），（財）機械システム振興協会（2003）
19) 日本ユニシス・エクセリューションズ社のホームページ：http://www.excel.co.jp/mems_one
20) http://www.comsol.com
21) Multiphysics Simulation：Special Advertising Section to IEEE Spectrum（2012）
22) S. Kuroda, N. Suzuki, H. Tanigawa and K. Suzuki：Variable Resonance Frequency Selection for Fishbone-Shaped Microelectromechanical System Resonator Based on Multi-Physics Simulation, Jpn. J. Appl. Phys, **52**, 06GL14（2013）
23) T. Seki, J. Yamamoto, A. Murakami, N. Yoshitake, K. Hinuma, T. Fujiwara, K. Sano, T. Matsushita, F. Sato and M. Oba：An RF MEMS switch for 4G Front-Ends, Microwave Symp. Digest（IMS），IEEE MTT-S International（2013）
24) T. Watanabe, R. Yamazaki, T. Furutsuka, K. Li, T. Matsumura, S. Tanaka and K. Suzuki：A quasi-millimeter wave MEMS phase shifter with shunt-type MEMS switches, Proc. 5th Intgrated MEMS Symposium, 7AM2-E-2（2013）
25) N. Higashinaka, H. Izawa, H. Tanigawa, T. Furutsuka, Y. Higo and K. Suzuki：Lifetime evaluation on low driving-voltage MEMS switches using dynamic excitation, Proc. 30th Sensor Symposium, 5PM1-A-2（2013）
26) http://www.sonnetsoftware.co.jp
27)「ADS RF回路デザイン・クック・ブック」（5990-4790JAJP）http://cp.literature.agilent.com/litweb/pdf/5990-4790JAJP.pdf
28) T. Veijola, H. Kuisma, J. Lahdenpera and T. Ryhanen：Equivalent-circuit model of the squeezed gas film in a silicon accelerometer, Sensors and Actuatores A, 48, pp.239-248（1995）
29) http://www.linear-tech.co.jp
30) 渋谷道雄：LTSpiceで学ぶ電子回路，オーム社（2013）
31) http://www.tij.co.jp/tool/jp/TINA-TI
32) 鈴木　祐，西井佑太，橋本敬太，谷川　紘，鈴木健一郎：Extensional（1, 2）Modeを用いた300 MHz MEMS金属共振器の作製，2013電子情報通信学会ソサイエティ大会（福岡）予稿集，C-6-1（2013）

2 薄膜の弾性定数の精密計測法

2.1 は じ め に

　固体は膨大な数の原子から構成されているが，おのおのの原子がばねによって結合された集合体と考えることができる。外力を加えて変形させるとこれらのばねが変形し，元の形状に戻ろうとする。この性質を弾性という。弾性定数とは，原子同士をつなぐばねのばね定数に相当する。弾性定数の大きな物質は変形しにくく，原子間結合力が強い。より安定した構造を有していることになる。例えばダイヤモンドは，常温常圧において最大の弾性定数を示すため，最も結合力の強い物質といえる。

　弾性定数はよく硬度と混同して使用されるが，これは正しくはない。物質が「硬い」ことと「（結合力が）強い」ことは異なるのである。両者にはおよその相関はあるが，同義ではない。例えば，日本刀などの刃先には焼入れという熱処理が施されており，非常に「硬い」組織になっている。しかし，弾性定数はこの焼入れ処理によりわずかに低下するのである。つまり，原子間の結合力は低下しており，物質としては弱くなっている。弾性定数は原子間結合力の強さの指標であり，硬度は塑性変形の起こりにくさ（その物質がどの程度巨視的永久変形を起こしにくいか）の指標である。割れにくく傷つきにくい物質は「硬い」が必ずしも「強い」わけではない。「硬さ」は，物質の加工法や熱処理法などにより大きく変化する。一方，弾性定数は，密度がそうであるように，加工法や熱処理法などによってほとんど変化しない。物質本来の「強さ」を表す

のは弾性定数である。

　弾性定数は，物質に力が加わったときの変形の大きさを定める量であるため，あらゆる構造物の設計に欠かすことができない。マイクロ・ナノサイズの構造体においても例外ではない。マイクロ・ナノ構造物の構成材料は，ほとんどが薄膜から作成されているため，薄膜の弾性定数の測定が重要な課題となっている。特に，音響デバイスにおいては，薄膜の弾性定数が機能に直結した重要な設計パラメータとなる。例えば，携帯電話などに多く使用されている弾性波フィルタにおいては，これらを構成する薄膜の弾性定数により通信周波数が決まる。

　また，弾性定数を介して薄膜などのデバイス内の欠陥評価を行うことができる。ナノ・マイクロ材料に対して，通常得られる比較的大きな（>～1 mm）材料をバルク材料と呼ぶが，薄膜は一般的にバルク材料よりも欠陥を多く含む。重要な薄膜の用途である電極配線においては，初期欠陥に起因した断線や破損が問題となっている。成膜後あるいは成膜中に膜質を評価し，成膜条件を改善することはデバイスの長寿命化のための課題である。不完全結合部などの体積のない欠陥や局所的に結晶性の低い部分は弾性定数に比較的強く影響を及ぼし，弾性軟化や方向がそろうと弾性異方性（2.5.5項参照）を引き起こす[1]～[3]。つまり，弾性定数によって薄膜の健全性を評価することが可能となる。さらに，近年，弾性定数が薄膜の機能と強い相関を示すことが明らかとなってきたため，機能（例えば磁性）と弾性との関わりを探求することにより，これまでとは異なる視点から薄膜の物性に関する知見を得ることができる[4]。

　以上のような背景から，近年，薄膜の弾性定数の精密計測に関する研究が加速している。本章においては，弾性定数の基礎，その一般的な計測法，そして，最先端の薄膜の弾性定数の計測法である共振超音波スペクトロスコピー法およびピコ秒超音波法について解説する。

2.2 弾性定数の基礎

ばねに力を加えて変形させるとき，力を伸びにより除した量がばね定数である。ばねの変形抵抗を表す。弾性定数は固体の原子をつなぐばねのばね定数に相当し，固体が受ける力学的負荷と変形量との関係を示す。ただし，力学的負荷の加え方はさまざまであり，また，変形の仕方もさまざまである。

2.2.1 応　　力

まず力学的負荷の指標と種類について考える。**外力**は力学的負荷の指標として不適当である。例えば，断面積の異なる棒の両端に同じ大きさの外力を加えて引っ張った場合，それらの棒が感じる力学的負荷の大きさが異なる（**図 2.1**）。断面積が小さい棒ほど高い力学的負荷を感じ，より小さな外力で破断することは容易に想像することができる。したがって，材料が感じる実質的な力学的負荷の指標は，外力ではなく，外力によって材料内に発生する**内力**を断面積で除した量とすることが望ましい。材料内の単位断面積当りに負荷される内力として，「**応力**」という量を材料が感じる力学的負荷の指標として定義する。こうすれば，上述の例において断面積が小さい棒にはより高い応力が発生することになり，より大きな力学的負荷を受けたことになる。

つぎに，応力の種類について考える。例えば，細長い棒に対しては，引っ張

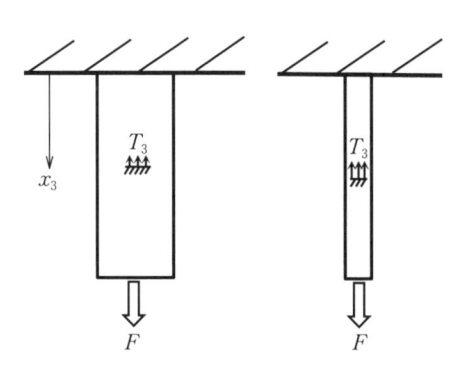

図 2.1 x_3 軸方向に外力 F を受ける棒（外力が同じでも材料が感じる力学的負荷は異なる。垂直応力 T_3（$= \sigma_{33}$）が異なることに相当する）

る，曲げる，ねじるなどの力学的負荷の加え方が考えられるが，実は，こういった力学的負荷は以下に示すように，すべて6成分の応力により表現することができる．応力は，材料内の単位断面積当りに働く内力を表すため，応力の定義にはまず断面積を定義する必要がある．x_1-x_2-x_3 直交座標系においては，各軸に垂直な断面を用いる．このとき，ある断面上に作用する内力ベクトルを各座標軸方向に成分分解すると，その断面上では一つの垂直応力と二つのせん断応力を定義することができる．例えば，図 2.2 に示すように x_3 軸に垂直な断面に内力 F が作用する場合，F の3軸方向の成分から一つの垂直応力 σ_{33} と二つのせん断応力 σ_{31} と σ_{32} が式 (2.1) のように定義される．

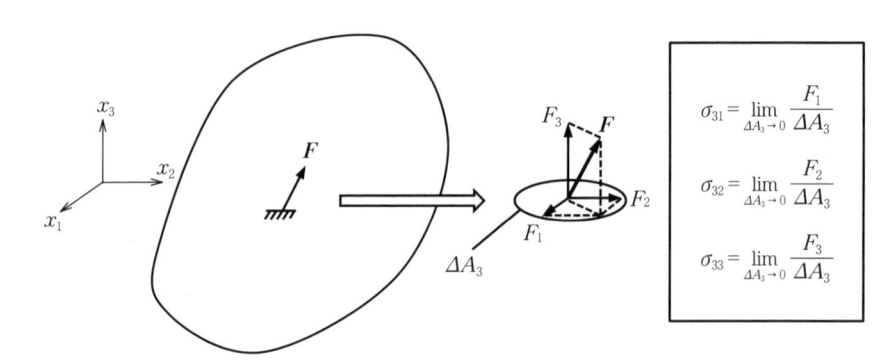

図 2.2 微小断面 ΔA_3 に作用する内力 F により一つの垂直応力 σ_{33} と二つのせん断応力 σ_{31}，σ_{32} が発生する

$$\sigma_{31} = \lim_{\Delta A_3 \to 0} \frac{F_1}{\Delta A_3}, \quad \sigma_{32} = \lim_{\Delta A_3 \to 0} \frac{F_2}{\Delta A_3}, \quad \sigma_{33} = \lim_{\Delta A_3 \to 0} \frac{F_3}{\Delta A_3} \tag{2.1}$$

応力は試料内の1点において定義することができることに注意したい．軸方向の断面は三つ存在するから，以下のように九つの応力成分が存在する．これを**応力テンソル**と呼ぶ．

$$[\sigma] = \begin{bmatrix} \sigma_{11} & \sigma_{12} & \sigma_{13} \\ \sigma_{21} & \sigma_{22} & \sigma_{23} \\ \sigma_{31} & \sigma_{32} & \sigma_{33} \end{bmatrix} \tag{2.2}$$

式 (2.2) から応力成分は九つ存在するように見えるが，応力テンソルは対称

テンソル（$\sigma_{ij}=\sigma_{ji}$）であることを証明することができるため[5]，結局，独立な応力の成分は以下に示すように六つしか存在しない。これらを $T_1 \sim T_6$ で表すこととする。

$$\begin{bmatrix} \sigma_{11} \\ \sigma_{22} \\ \sigma_{33} \\ \sigma_{23}, \sigma_{32} \\ \sigma_{13}, \sigma_{31} \\ \sigma_{12}, \sigma_{21} \end{bmatrix} = \begin{bmatrix} T_1 \\ T_2 \\ T_3 \\ T_4 \\ T_5 \\ T_6 \end{bmatrix} \tag{2.3}$$

T_1, T_2, T_3 はそれぞれ x_1, x_2, x_3 軸方向の**垂直応力**を表し，T_4, T_5, T_6 はそれぞれ x_2-x_3 面内，x_3-x_1 面内，x_1-x_2 面内における**せん断応力**を表す。このように，力学的負荷を受ける物質内には $T_1 \sim T_6$ の応力が一般には分布して発生している。

2.2.2 ひずみ

つづいて，力学的負荷を受けて物質が変形するときの指標について考える。例えば，長さ1 m の棒が1 mm 伸びるときと，10 m の棒が1 mm 伸びるとき，伸び量は同じであるが，物質が感じる変形量は異なる。10 m の棒はもともと長いため，それを構成している原子数も多く，少しずつ原子間距離を広げれば1 mm の変形量が達成される。それに対して，1 m の棒ではより大きな原子間距離の変化が必要であり，物質の実質的な変形の度合いは大きい。つまり，変形の指標として変位（伸び）は使用することができない。変位を元の長さで除した値であれば，実質的な物質の変形の度合いとして適している。このような量は，以下に示す「**ひずみ**」と呼ばれ，変形度合いの指標として用いられている。

物質内のある点 P（座標 $\boldsymbol{x}=(x_1, x_2, x_3)$）が，外力を受けて変形し，点 Q に移動したとする。このとき，ベクトル $\overrightarrow{PQ}$ のことを**変位ベクトル**と呼び，$\boldsymbol{u}(\boldsymbol{x})=(u_1(\boldsymbol{x}), u_2(\boldsymbol{x}), u_3(\boldsymbol{x}))$ で表す。力学的負荷の与え方がさまざまであったように，変形の仕方もさまざまである（伸びる，曲がる，ねじれるなど）。しかし

それらは，変位ベクトルの勾配により表現される以下の六つのひずみ成分の重ね合わせにより表現することができる。

$$\begin{bmatrix} S_1 \\ S_2 \\ S_3 \\ S_4 \\ S_5 \\ S_6 \end{bmatrix} = \begin{bmatrix} \dfrac{\partial u_1}{\partial x_1} \\ \dfrac{\partial u_2}{\partial x_2} \\ \dfrac{\partial u_3}{\partial x_3} \\ \dfrac{\partial u_2}{\partial x_3} + \dfrac{\partial u_3}{\partial x_2} \\ \dfrac{\partial u_3}{\partial x_1} + \dfrac{\partial u_1}{\partial x_3} \\ \dfrac{\partial u_1}{\partial x_2} + \dfrac{\partial u_2}{\partial x_1} \end{bmatrix} \tag{2.4}$$

$S_1 \sim S_6$ は正確には**工学ひずみ**と呼ばれる。S_1, S_2, S_3 はそれぞれ x_1, x_2, x_3 軸方向の**垂直ひずみ**と呼ばれ，それぞれの方向の伸びをその方向の元の長さで除した量である。上述した 1 m と 10 m の棒の変形も垂直ひずみによりそれらの度合いは表され，棒の長さ方向に x_1 軸をとると，S_1 の値がそれぞれ 0.001 と 0.0001 になる。S_4, S_5, S_6 はそれぞれ x_2-x_3 面内，x_3-x_1 面内，x_1-x_2 面内におけるせん断変形（せん断角に相当）を表し，**せん断ひずみ**と呼ばれる。

2.2.3 弾性コンプライアンスと弾性定数

応力とひずみには共に六つ成分が存在する。力学的負荷の与え方に 6 種類あり，変形の仕方が 6 種類あることになる。応力とひずみはたがいに独立であり，両者をつなぐ物性値がある。変形が小さいとき，ひずみの各成分はすべての応力の線形結合によって表すことができる。

$$S_i = \sum_{j=1}^{6} s_{ij} T_j \tag{2.5}$$

s_{ij} を**弾性コンプライアンス**と呼び，物質の変形しやすさを表す。式 (2.5) は

$$T_i = \sum_{j=1}^{6} C_{ij} S_j \tag{2.6}$$

とも表現できる。C_{ij} を**弾性定数**と呼び，物質の変形しがたさを表す（弾性定数は弾性コンプライアンスの逆行列である）。

応力とひずみ成分が共に六つ存在することから，弾性定数は 36 個存在することになるが，$s_{ij}=s_{ji}$ や $C_{ij}=C_{ji}$ という関係を示すことができるため[5]，独立な弾性コンプライアンスや弾性定数の数は最大でも 21 個である。例えば

$$\begin{bmatrix} T_1 \\ T_2 \\ T_3 \\ T_4 \\ T_5 \\ T_6 \end{bmatrix} = \begin{bmatrix} C_{11} & C_{12} & C_{13} & C_{14} & C_{15} & C_{16} \\ C_{12} & C_{22} & C_{23} & C_{24} & C_{25} & C_{26} \\ C_{13} & C_{23} & C_{33} & C_{34} & C_{35} & C_{36} \\ C_{14} & C_{24} & C_{34} & C_{44} & C_{45} & C_{46} \\ C_{15} & C_{25} & C_{35} & C_{45} & C_{55} & C_{56} \\ C_{16} & C_{26} & C_{36} & C_{46} & C_{56} & C_{66} \end{bmatrix} \begin{bmatrix} S_1 \\ S_2 \\ S_3 \\ S_4 \\ S_5 \\ S_6 \end{bmatrix} \quad (2.7)$$

となる。式 (2.7) を**フックの法則**と呼ぶ。s_{ij} や C_{ij} は，物質に力学的負荷を加えたとき，その物質がどのように変形するかを規定する物性値であり，構造物の設計には欠かすことができない。

2.2.4 対称性と弾性定数マトリックス

式 (2.7) のように独立な 21 個の成分の弾性定数を有する材料は非常に少なく，多くの材料は数個の独立な成分しか有しない。例えば，**図 2.3** は，**面心**

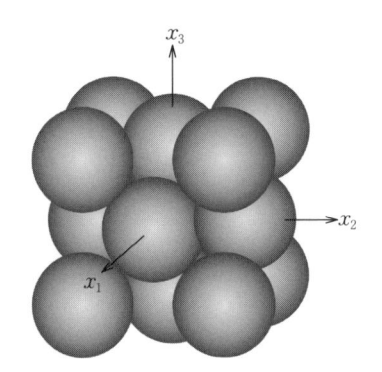

図 2.3 面心立方格子の結晶構造
（結晶の三つの主軸（x_1, x_2, x_3 軸）に沿う方向では弾性的性質は等価）

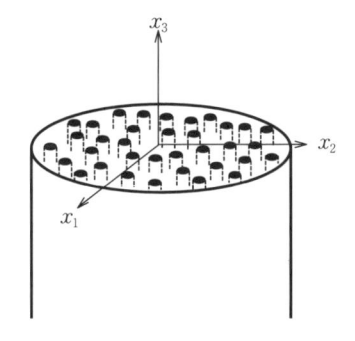

図 2.4 均質な材料を細長い繊維によって一方向（x_3 軸）に強化した繊維強化複合材料（x_1-x_2 面内には繊維はランダムに分布している）

立方格子と呼ばれる結晶の単位構造を示す。アルミニウムや銅などの多くの金属がこの結晶構造をとる。結晶の三つの主軸に沿う方向に直交座標軸が選択される。これらの方向は構造的に等価であり，弾性的性質もこれらの方向にはよらないことは明らかである。つまり，これらの座標軸を入れ替えるような座標変換を行っても弾性的性質が変わることはない。詳細は文献に委ねるが[5]，このような場合，式 (2.7) の弾性定数マトリックスは以下のように簡素化され，独立な成分は，C_{11}, C_{12}, C_{44} の三つとなる。

$$[C_{ij}] = \begin{bmatrix} C_{11} & C_{12} & C_{12} & 0 & 0 & 0 \\ C_{12} & C_{11} & C_{12} & 0 & 0 & 0 \\ C_{12} & C_{12} & C_{11} & 0 & 0 & 0 \\ 0 & 0 & 0 & C_{44} & 0 & 0 \\ 0 & 0 & 0 & 0 & C_{44} & 0 \\ 0 & 0 & 0 & 0 & 0 & C_{44} \end{bmatrix} \tag{2.8}$$

このような材料を**立方晶系材料**と呼ぶ。

また，**図 2.4** は均質な材料を細長い繊維によって強化した繊維強化複合材料を示す。x_1-x_2 面内には繊維はランダムに分布しているとする。繊維方向 (x_3 軸方向) と面内方向では弾性的性質は異なるであろうが，面内であれば弾性的性質は方向に依存しないことは容易に推測される。つまり，x_3 軸まわりの任意の角度の回転座標変換を行っても，**弾性定数マトリックス**が変わることはない。このような場合，式 (2.7) の弾性定数マトリックスはやはり簡素化され，独立な成分は $C_{11}, C_{12}, C_{13}, C_{33}, C_{44}$ の五つとなる。

$$[C_{ij}] = \begin{bmatrix} C_{11} & C_{12} & C_{13} & 0 & 0 & 0 \\ C_{12} & C_{11} & C_{13} & 0 & 0 & 0 \\ C_{13} & C_{13} & C_{33} & 0 & 0 & 0 \\ 0 & 0 & 0 & C_{44} & 0 & 0 \\ 0 & 0 & 0 & 0 & C_{44} & 0 \\ 0 & 0 & 0 & 0 & 0 & (C_{11}-C_{12})/2 \end{bmatrix} \tag{2.9}$$

このような材料を**六方晶系材料**，あるいは**面内等方体材料**と呼ぶ。さらに，完全に均質等方的な材料の場合，どのような座標変換を行っても弾性的性質が変わることはなく，弾性定数マトリックスも不変である。その結果，弾性定数の独立な成分は二つだけとなる。

$$[C_{ij}] = \begin{bmatrix} C_{11} & C_{12} & C_{12} & 0 & 0 & 0 \\ C_{12} & C_{11} & C_{12} & 0 & 0 & 0 \\ C_{12} & C_{12} & C_{11} & 0 & 0 & 0 \\ 0 & 0 & 0 & (C_{11}-C_{12})/2 & 0 & 0 \\ 0 & 0 & 0 & 0 & (C_{11}-C_{12})/2 & 0 \\ 0 & 0 & 0 & 0 & 0 & (C_{11}-C_{12})/2 \end{bmatrix} \quad (2.10)$$

このような材料を，**等方体材料**と呼ぶ。

以上のように，使用すべき弾性定数マトリックスは材料の対称性によって決まることに注意しなければならない。建築物や車両などに使用される鋼やアルミニウム合金などは多結晶材料（膨大な数の小さな（数十 μm）結晶粒の結合体）である。鉄は立方晶系材料であり，個々の結晶粒は式 (2.8) に示される独立な三つの弾性定数を有するが，十分に多くの結晶粒を含み各結晶の方位がランダムである場合，巨視的に見れば等方体材料として扱うことができる。このため，通常の建造物の設計においては使用する材料は等方体と仮定し，式 (2.10) の弾性定数が使用されることが多い。しかし，圧延率の高い圧延板などでは結晶粒の方位がランダムに分布せずに特定の方向を向く傾向が生じる。これを**集合組織**と呼ぶ。このような材料は巨視的にも等方体とは考えることはできず，独立な弾性定数の数は増す。薄膜においては，特に，この集合組織の影響は甚大である。

2.2.5 工学弾性定数

「弾性定数」と聞くと，式 (2.7) の弾性定数マトリックスではなく「ヤング率」や「剛性率」を思い浮かべる人が多いのではないであろうか。ヤング率や

剛性率，**体積弾性率**などは**工学弾性定数**と呼ばれ，材料がある特殊な外力状態にあるときに定義される弾性率であり，これらはすべて C_{ij} あるいは s_{ij} の各成分から計算することができる。例えば，体積弾性率 B は，材料が静水圧下にあるときに，圧力 p と体積変化率 $\Delta V/V$ との関係を与える定数（$p = B(\Delta V/V)$）である。$T_1 = T_2 = T_3 = -p$，$T_4 = T_5 = T_6 = 0$ とおくことで，式 (2.5) より

$$B = \frac{1}{s_{11} + s_{22} + s_{33} + 2(s_{12} + s_{13} + s_{23})} \tag{2.11}$$

となる。ただし，$\Delta V/V = S_1 + S_2 + S_3$ を用いた。ヤング率 E は，材料に一つの垂直応力だけが負荷され，他の応力成分が 0 である場合に（この状態を**単軸応力状態**と呼ぶ），その応力成分に対応する垂直ひずみと応力との比例定数を表す。例えば，x_1 軸方向の単軸応力状態に対しては，$T_1 = E_1 S_1$ である。等方体でなければ方向によってヤング率は異なることに注意したい。x_1, x_2, x_3 軸に沿うヤング率 E_1, E_2, E_3 は式 (2.5) よりそれぞれ

$$E_1 = \frac{1}{s_{11}}, \quad E_2 = \frac{1}{s_{22}}, \quad E_3 = \frac{1}{s_{33}} \tag{2.12}$$

となる。また，単軸応力方向の垂直ひずみとそれに直交する方向の垂直ひずみの比にマイナスを付けた量を**ポアソン比**と呼び

$$\begin{cases} \nu_{12} = -\dfrac{s_{21}}{s_{11}}, & \nu_{13} = -\dfrac{s_{31}}{s_{11}} \\ \nu_{21} = -\dfrac{s_{12}}{s_{22}}, & \nu_{23} = -\dfrac{s_{32}}{s_{22}} \\ \nu_{31} = -\dfrac{s_{13}}{s_{33}}, & \nu_{32} = -\dfrac{s_{23}}{s_{33}} \end{cases} \tag{2.13}$$

のように定義される。さらに，一つのせん断応力のみが存在し他の応力成分がすべて 0 のとき，そのせん断応力と対応するせん断ひずみの比を**剛性率**と呼び G で表す。この定義から

$$G_4 = \frac{1}{s_{44}}, \quad G_5 = \frac{1}{s_{55}}, \quad G_6 = \frac{1}{s_{66}} \tag{2.14}$$

となることは明らかである。以上のように，工学弾性定数はすべてコンプライアンスマトリックス（あるいは弾性定数マトリックス）より算出されるため，

弾性定数マトリックスこそがその材料の弾性的性質をすべて包括しているといえる。

2.2.6 薄膜の弾性定数マトリックス

さて，薄膜に対してはどのような弾性定数マトリックスを使用すべきであろうか。薄膜には，大別して以下の4種類の構造が考えられる。

(1) 単結晶薄膜（エピタキシャル薄膜）

(2) 多結晶薄膜

(3) アモルファス薄膜

(4) 多層薄膜

(1)の単結晶薄膜は，単結晶基板の結晶構造に強く影響されて薄膜構造が秩序を形成し，全体として単結晶体として成長したものである。この場合は，使用する弾性定数マトリックスは，その薄膜材料の単結晶体のものと等価である。

(2)の多結晶薄膜は実用上，最も多く使用されている材料である。基板や成膜法に特別な工夫を行わなければ，通常，結晶性材料の薄膜を成膜したときには多結晶薄膜となる。このため，薄膜を等方体として扱い，式(2.10)の弾性定数マトリックスを適用する場合が非常に多く見受けられる。ところが，これは重大な誤りである。2.2.4項において述べたように，多結晶材料を等方体として扱うことができるのは，結晶方位がランダムに配向している場合である。しかし，薄膜は表面の占める割合がきわめて大きいため，表面エネルギーの小さな結晶面が膜面を形成する。**図2.5**はいくつかの薄膜の結晶構造をX線回折法によって計測した結果であり，特定の結晶方位面が膜面と平行となっていることがわかる。Cu, Au, Al, Ptなどの面心立方格子構造を示す物質では，$(x_1, x_2, x_3) = (1, 1, 1)$の方向に垂直な結晶面（(111)面）が**稠密面**であり，これが膜面に平行となるような**集合組織**が形成される。六方晶構造を有するCoでは，稠密面は(001)面であり，やはりこの面が膜面となる集合組織を示す。こういった場合，膜厚方向と面内方向では異なる弾性特性を示す。一方，膜面内

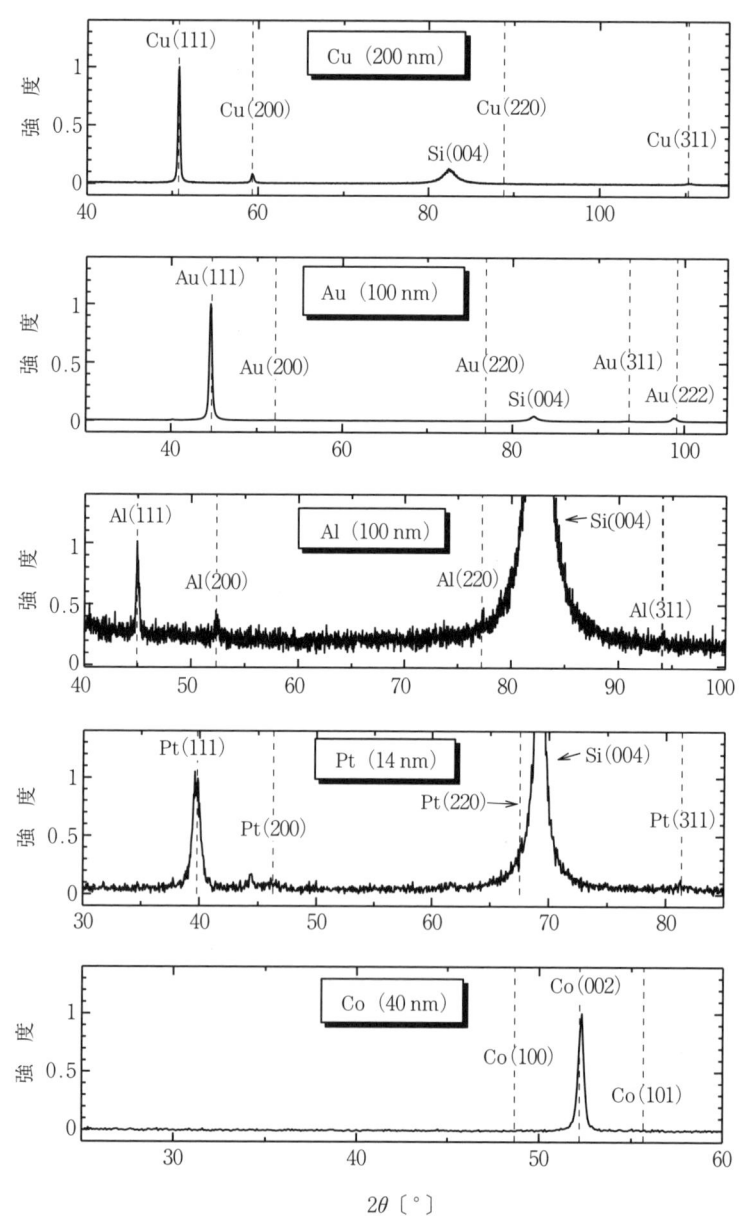

図 2.5 高真空マグネトロンスパッタリング装置によって Si 基板上に成膜した各種薄膜の X 線回折測定（Co の Kα 線を使用。破線は理論値。いずれの薄膜においても特定の結晶面が膜面と平行になるような強い集合組織構造を示す）

方向にはランダムな結晶粒の配向が予測され，面内においては等方的であることが期待される．この結果，面内等方性の弾性対称性を示し，弾性定数マトリックスは式 (2.9) の形をとる．

図 2.6 は，こういった結晶の配向性がどの程度弾性定数に影響を与えるかを示している．この図において，例えば，$E_{[110]}$ とは $(1,1,0)$ 方向に沿う方向のヤング率であることを表す．また E_{iso} は結晶方位が完全にランダムと仮定した（等方体近似した）ヤング率である．方向によってヤング率の値が大きく異なることに注意しなければならない．$(1,1,1)$ 方向のヤング率 $E_{[111]}$ は等方体を仮定したときのヤング率よりも 50％ も大きく，$(1,0,0)$ 方向のヤング率 $E_{[100]}$ のほぼ 3 倍である．

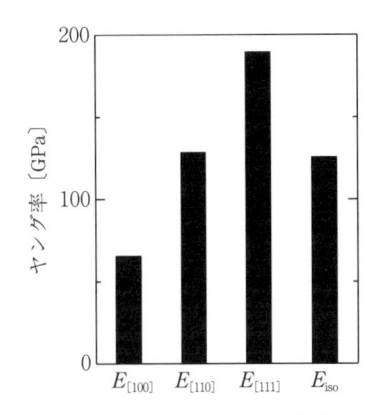

図 2.6　Cu のヤング率の方向依存性　　　図 2.7　薄膜の柱状組織

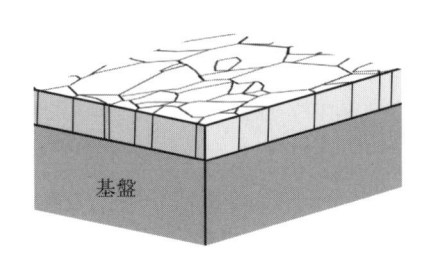

薄膜の弾性定数が異方性を示す原因は，上述の集合組織だけではない．多くの薄膜は，基板上で核形成を経て成長するため，**柱状組織**を有する（図 2.7）．この場合，柱状の結晶粒界において不完全結合部や結晶性の低い領域が発生し，こういった部分の結合力は弱まり巨視的な弾性定数は低下する．この影響は，膜厚方向とそれに垂直な方向で大きく異なり，面内においては方向に依存しない．この結果，やはり面内等方性の弾性対称性が生じる．

(3) のアモルファス薄膜であっても巨視的に等方体と仮定することができないことが多い．膜厚方向と面内方向で構成原子の濃度分布が異なったり，柱状

組織により配向した微小欠陥や特定元素の偏析領域が導入されるためである。このような場合，やはり面内等方体の弾性定数を仮定すべきである。さらに，(4) の多層薄膜においても同様である。膜厚方向と面内方向で構造的に異方性が生じることはいうまでもないが，各層の界面での欠陥（界面転位や不完全結合部）も巨視的に面内等方性の対称性を生み出す。

以上より，薄膜に対しては，単結晶薄膜でないかぎりは面内等方性の対称性を有しており，用いるべき弾性定数マトリックスは式 (2.9) である。等方体近似は一般的に成り立たないことをいま一度強調したい。

2.3　従来の薄膜の弾性定数の測定法

弾性定数の測定法は，章末の表 2.1 に示すように静的手法と動的手法に大別される。静的手法は，材料に荷重を加えて変形させ，発生した応力 T とひずみ S を算出し，式 (2.7) から弾性定数を決定する手法である。ばねのばね定数を測定する際に，力 F と変位 u を計測し，$k=F/u$ によりばね定数が得られるが，これと同等の手法である。加える外力の種類により発生する変形形態が異なり，得られる弾性定数も異なる。例えば，細長い棒に対して長さ方向に x_1 軸をとり，この方向に引張力を加え，x_1 軸方向の垂直応力 T_1 のみを発生させたとする（他の応力成分は 0）。このとき，x_1 軸方向の伸びから垂直ひずみ S_1 を算出し（$S_1=$（伸び）/（元の長さ）），$T_1=E_1 S_1$ から棒の長さ方向のヤング率 E_1 が得られる。これを**引張試験法**と呼ぶ。その他，曲げ試験法，ねじり試験法，静水圧試験法などがあり，それぞれ，ヤング率，剛性率，体積弾性率が求まる。

動的手法では超音波（周波数が 20 kHz を超える音波）が用いられる。これはさらに 2 種に分類できる。第一に**超音波パルスエコー法**である。超音波は，材料内で慣性力と弾性復元力が釣り合いながら伝播する波動現象である。その伝播速度（音速）は，材料の密度と弾性定数によって決まるため，超音波の音速を計測することにより，密度が既知の材料の弾性定数が得られる。音速を支

配する弾性定数は，超音波の伝播方向とモード（縦波か横波かなど）に依存するため，さまざまな方向に伝播するさまざまなモードの超音波の音速を測定することにより，すべての独立な弾性定数を得ることが可能である。第二に，**超音波共振法**である。固体が鳴り響くとき，その音程（共振周波数）は固体の密度，形状，そして弾性定数によって決まる。形状と密度が既知であれば，固体の共振周波数を測定することにより，弾性定数が求まる。固体の共振には膨張収縮振動や曲げ振動，ねじり振動など，さまざまなモードが存在し，それぞれに対して弾性定数の各成分の貢献度は異なる。したがって，複数の共振モードの共振周波数を計測することにより，すべての独立な弾性定数を決定することができる。

以上の手法はもともとバルク材料に対して開発されてきた手法である。薄膜に対しても適用されているが，静的手法の場合，試験片の保持の困難さ，意図する応力状態をつくることの困難さ，寸法誤差の影響が甚大であることなど，数々の問題点が含まれており，高精度の計測は困難であることが現実である。以下，従来法を紹介し，それらの特徴をまとめる。

2.3.1 マイクロ引張試験法

図 2.8 に概念図を示す。微細加工技術を用いて，薄膜の一部を細長い形状の試験片として残存させ，そこに引張荷重を加えて変位量を計測し，面内方向のヤング率を決定する手法である。直感的にわかりやすい計測法であり，大変

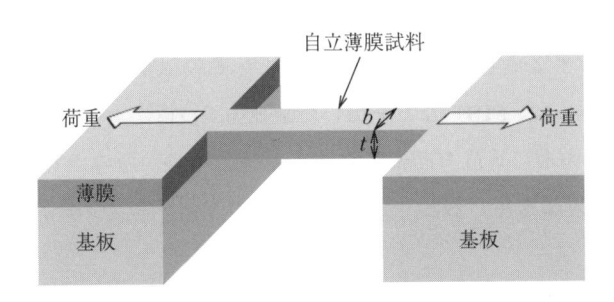

図 2.8 マイクロ引張試験法の概念図

形を発生させることにより，塑性変形や破壊挙動の研究にも適用することができる。しかし，以下に示す理由により弾性定数の測定精度は高くはない。

　まず，試験片の寸法誤差の影響が大きい。応力を求めるためには，荷重を試験片の断面積により除する必要があるが，薄膜の厚さや試験片の幅の測定精度は決して高くはない。通常は，電子顕微鏡により計測されるが，観測の仕方によって 5% 程度の測定誤差は容易に発生する。特に膜厚に対する測定誤差は大きい。幅 b と膜厚 t において 5% ずつ寸法誤差が含まれているとすると，これだけで弾性率に 10% の誤差を生じてしまう。また，試験片に純粋な単軸応力状態をつくるように荷重を加えることも非常に難しい。曲げやねじりといった効果が少なからず導入されてしまうためである。そうなると，変形量が面内方向のヤング率だけでは決まらなくなる。有限要素法などにより，試験片に負荷される応力を推測することも提案されているが，こうなるとさらにパラメータが増加し，信頼性が薄れていく。さらに，ひずみの計測も容易ではなく，変位量からひずみを算出する場合は特に注意を要する。試験片部のみではなく，保持具や筐体も力を受けて変形するため，あらゆる変形量が変位の計測値に加わるからである。さらに決定的な問題は，基板を除去しなければならないことである。デバイスにおいては，薄膜は基板上に成膜された状態で使用される。そのため，残留応力や基板との界面エネルギーの差異の影響を受けて薄膜の弾性定数は変化する。基板を除去すると，こういった影響が失われる。

2.3.2　マイクロ曲げ試験法

　図 2.9 に示すように，基板上に成膜した薄膜試料を**集束イオンビーム**（focused ion beam，**FIB**）などを用いた微細加工技術によって片持ち梁の形状に加工し，自由端に垂直方向に荷重 F を加え，その箇所のたわみ u を計測する。梁の曲げ理論を用いると，梁の長さ方向のヤング率（つまり，薄膜の面内ヤング率 E_1）が

$$E_1 = \frac{4L^3}{bt^3}\frac{F}{u} \tag{2.15}$$

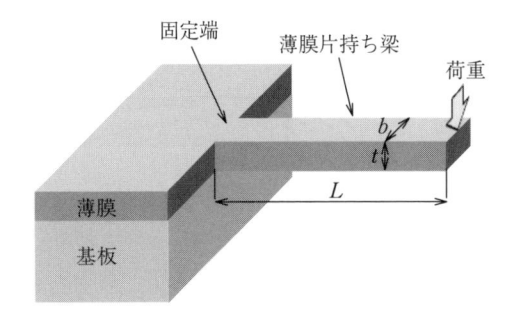

図 2.9 マイクロ曲げ試験法の概念図

のように求まる。ただし，L は梁の長さであり，b と t は梁の幅と厚さである。

この手法は，マイクロ引張試験のように，荷重と変位量をそれぞれ応力とひずみに換算する必要がなく（上述したように，この換算は非常に曖昧であり，多くのパラメータを有する），また，垂直荷重という単純な外力とその点において発生する大きな変位を計測すればよいため，計測量そのものの信頼性は高い。大変形も容易に発生させることができ，また繰返し荷重を加えることで疲労試験を行うこともできる。しかし，式 (2.15) からわかるように，この手法により算出されるヤング率は，梁の寸法に大きく影響される。仮に L, b, t が 5% の精度で決まったとしても，ヤング率には 35% もの誤差が生じることになる。顕微鏡観察ではマイクロ梁の寸法を 5% の精度で測定することは容易ではない。また，式 (2.15) は，梁の付け根が完全な固定端であることを要求しており，固定端におけるいかなる変形も許されない。しかし，マイクロ梁を完全に固着することは困難であり，この結果，式 (2.15) の適用性も問題となる。以上より，本測定法は，定量性という点においては多くの問題を含んでいることに注意しなければならない。

2.3.3 振動リード法

図 2.10 に示すように，基板を片持ち梁のカンチレバー形状に加工し，**曲げ共振**を発生させ，基板の曲げの共振周波数 f をまず計測する。その後，基板上に薄膜を成膜して，共振周波数の変化量 Δf を測定する。薄膜の存在により，共振体の質量が増加し，同時に，曲げ剛性も増加する。前者は共振周波数を低

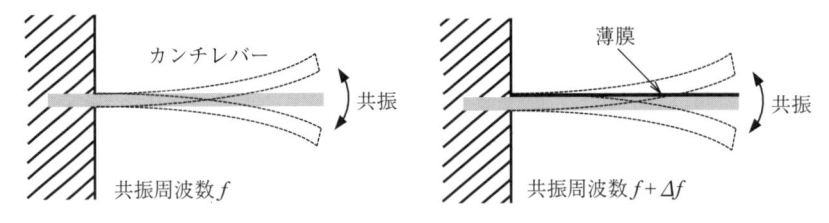

図 2.10 振動リード法の概念図（細長い基板の片端を固着し，薄膜の成膜前後における曲げ共振の共振周波数の変化量 Δf を測定する）

下させるように働き，後者は増加させる。これらのバランスにより成膜後の共振周波数が決まる。薄膜の厚さ t_{film} が基板のそれ t_{sub} に比べて十分小さいとき，次式から薄膜の面内ヤング率 E_1^{film} が得られる[6]。

$$E_1^{film} = \frac{1}{3}\left(\frac{2\Delta f}{f}\frac{t_{sub}}{t_{film}} + \frac{\rho_{film}}{\rho_{sub}}\right)E_1^{sub} \tag{2.16}$$

力や変位に比べて共振周波数の測定精度は高く，また，式 (2.15) と式 (2.16) を比較しても明らかなように，得られる弾性定数が試料の寸法誤差の影響を受けにくいため，弾性定数の測定精度は静的手法に比べてかなり高い。ただし，片持ち梁であるかぎり，やはり固定端における境界条件が問題になり試料の固着状況が結果に強く影響する。こういったことからも，いかに試料を把持せずとも計測することができるか，という点が高精度測定を達成するカギとなる。

2.3.4 表面超音波法

表面波という超音波モードを用いることもできる。文字どおり，固体の表面に沿って面内方向に伝播する超音波モードであり，波長程度の深さまでの弾性的性質がその音速に反映される。したがって，基板上に成膜された薄膜に対して表面波を励起・検出することにより，薄膜の弾性定数を評価することができる。**図 2.11** に示すように，励起と検出にレーザ光を用いれば完全な非接触測定も可能である[7]。ただし，よほど周波数が高くないかぎり表面波は基板まで浸透するため，表面波の音速には薄膜だけでなく基板の弾性定数も多大に貢献

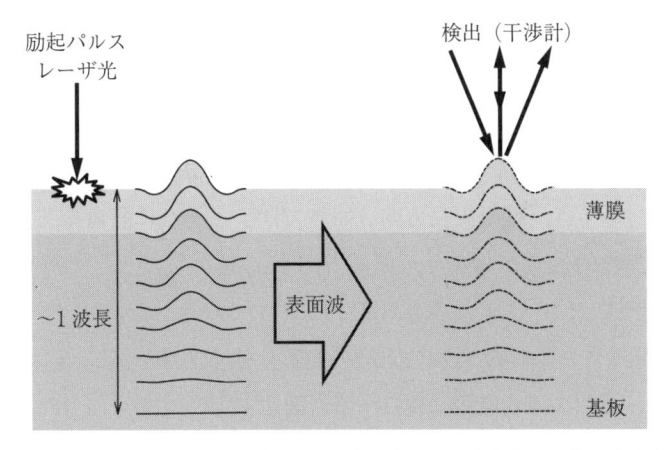

図 2.11 表面超音波法の概念図（図中の実線と破線は面外方向の変位分布を表す。表面波の浸透深さは 1 波長程度）

する。例えば，1 GHz という高周波の周波数の表面波を励起できたとしても，その波長は 3 μm 程度である。この場合，100 nm の薄膜を成膜したとしても，表面波はほとんど基板を伝播していることになり，薄膜の弾性定数に対する感度は低い。さらに，薄膜と基板の複数の弾性定数の成分が複雑に入り混じって音速を決めるため，計測した音速から単純に一つの弾性定数の成分を抽出することは困難である。

2.4 薄膜の弾性定数を正確に測定する方法

ここで紹介する二つの手法は，いずれも薄膜の弾性定数の測定精度において，従来法を大きく上回る。一つは共振超音波スペクトロスコピー法であり，異方性薄膜の複数の弾性定数を測定することができる。主に面内弾性定数に感度が高い。二つ目の手法は，ピコ秒超音波法である。面直方向の弾性定数のみが得られるが，測定精度はあらゆる手法の中で最も高く，試料を加工する必要もなく，デバイス形状のまま計測することもできる。基板にも依存しない。測定領域は直径 10 μm 程度あればよく，弾性定数の分布計測も可能である。

5 nm 程度の極薄の薄膜に対しても適用することができるという点においても，他の手法より格段に優れている．

2.4.1 共振超音波スペクトロスコピー法（RUS 法）

薄膜においては，膜の成長方向（面直方向）とそれに垂直な方向（面内方向）では弾性的性質が異なり，面直方向を x_3 軸としたときの弾性定数マトリックスが式 (2.9) により表されることはすでに述べた．C_{11} や $C_{66} = (C_{11} - C_{12})/2$，面内ヤング率 E_1 は面内方向の変形に強く関与し，C_{33}, C_{44}，面直ヤング率 E_3 は，面外方向の変形に関与する（図 2.12）．

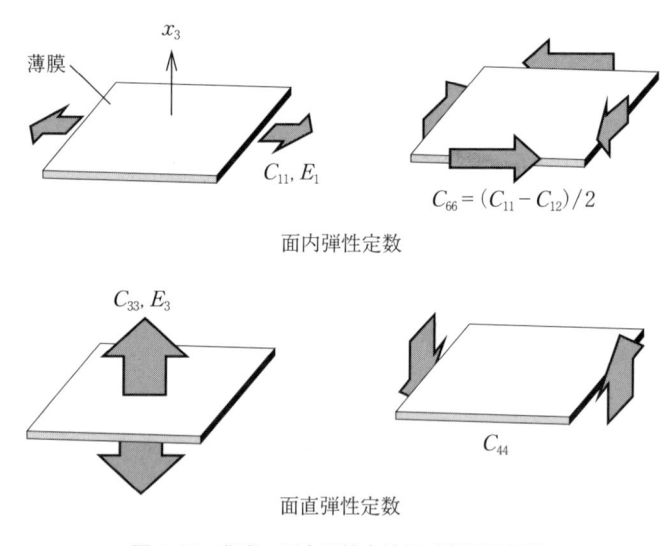

図 2.12 薄膜の面内弾性定数と面直弾性定数

異方性を示すバルク材料のすべての弾性定数を測定する手法として，**共振超音波スペクトロスコピー**（resonant ultrasound spectroscopy，**RUS**）**法**が考案された[8]．直方体，球，円柱など，規則形状をもつ試料を二つの圧電振動子で挟み，一方から連続正弦波振動を入力し，他方で変位信号を受信する．入力周波数をスウィープすると，受信振幅は試料の自由振動の共振周波数でピークを示す（図 2.13）．多数の共振ピークが観測されるが，個々の共振周波数は試料

(a) 試料セットアップ　　　　　　（b） 共振スペクトルの例

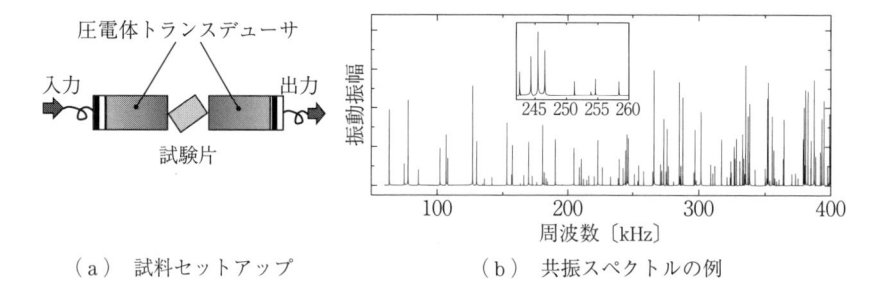

図 2.13 RUS 法における試料セットアップと実際に計測された共振スペクトルの例（5 mm 角程度の二酸化テルル単結晶）

の密度と寸法，そしてすべての弾性定数に依存する。密度と寸法は計測可能であるために，測定した共振周波数群と最も近い共振周波数群を与える弾性定数を逆計算によって求めるのである。1個の微小試料から独立な弾性定数をすべて決定することができるという優れた手法である。すでに数多くの物質に適用され，従来法よりも高い測定精度を有することが確認されている。

この手法を基板上に成膜された薄膜に適用することが可能である。ただし，これには二つの課題を克服する必要がある。第一に，測定した共振周波数のモード特定である。観測される共振周波数はすべて異なる振動モードであり，膨張収縮振動，曲げ振動，ねじり振動などの振動グループに属する。共振周波数の計算は，各モードごとに行うため，計算値と同一モードの測定値とを対応させて比較しなければならない。モードの対応が正確でなければ弾性定数の値を正しく決定することはできない。第二に，共振周波数の高精度測定である。例えば，厚さ 200 μm の基板に 1 μm の薄膜を成膜したとすると，薄膜の体積分率は 0.5% である。このとき，薄膜/基板複合体の共振周波数に対する薄膜の弾性定数の寄与はたかだか数 % である（薄膜表面で最大ひずみが発生するモードも多いため，薄膜の弾性定数が共振周波数に及ぼす影響は体積分率よりは高い）。したがって共振周波数から薄膜の弾性定数を正確に抽出するためには，自由振動に近い振動を励起し，その周波数を精度よく測定する必要がある。しかし，従来の RUS 法では図 2.13 に示すように圧電トランスデューサ間

2. 薄膜の弾性定数の精密計測法

に試料を挟み込むため，試料の振動が拘束され周波数は理想的な自由振動の値からずれてしまう。これは，振動リード法（2.3.3項）における試験片の把持状況に結果が影響を受けることと同じである。

これらの課題を克服するために開発された手法が **RUS/LDI 法**である（**LDI**（laser-Doppler interferometry）は**レーザドップラー干渉計測**の意味）[3),9)]。図 **2.14** に示すように，三点支持針の上に試料を設置する。三点支持針は2本の針状圧電体トランスデューサと1本の熱電対支持針から構成される。入力用のトランスデューサから正弦波振動を送り，試料を振動させる。同時に，検出用のトランスデューサで振動振幅を受信する。送信周波数をスウィープすると，試料の共振周波数と一致するたびに試料が共振して高い振動振幅が出力される。試料と針状トランスデューサは，試料の自重により接触しているだけであり，重力以外の外力は作用せず，理想的な自由振動に近い振動を励起・検出することができる。音響ノイズや大気圧による外力を避けるため，真空中で測定を行うことにより，質量が数 mg 程度の試料に対しても良好な共振スペクトルが得られる。さらに，レーザドップラー干渉計を用いて共振状態にある試料表面の振動振幅の分布を画像化し，これらを理論計算値と比較することにより，誤りのないモード特定が可能となる。詳細は文献に委ねるが，基板と薄膜の密

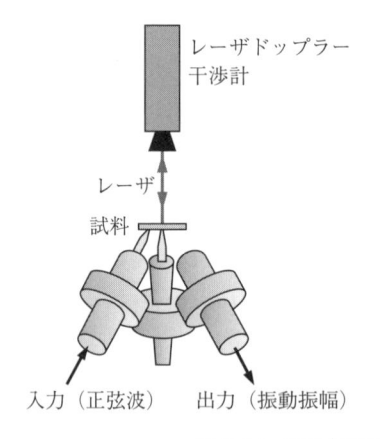

図 **2.14** RUS/LDI 法における試料のセットアップ

度，膜厚，そして基板の寸法が与えられれば，各モードの共振周波数と振動分布はリッツ法と呼ばれる計算手法によって非常に正確に計算することができる[10)~12)]。つまり，薄膜を成膜する前後の共振周波数群の差を正確に計測することにより，薄膜の弾性定数を逆計算により決定することができる（**図2.15**）。通常，30～40個の共振周波数変化を用いる。振動リード法と異なり，膨張収縮振動，ねじり振動，曲げ振動など，多くの振動モードが関わるため，複数の弾性定数を決定することができることも大きな利点である。ただし，試料が薄い板状であり，観測される振動モードは，曲げ，ねじり振動などがほとんどであり，これらに対しては面内弾性定数の貢献度が高いため，精度よく決定される弾性定数は，E_1, C_{11}, C_{66} である。

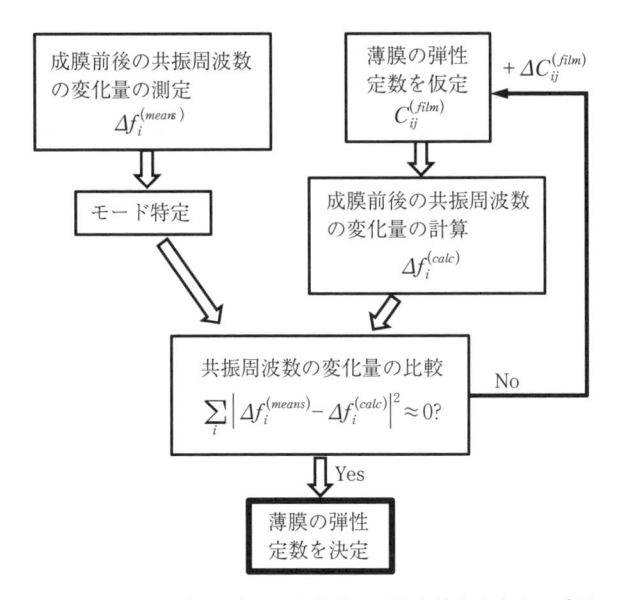

図2.15 RUS/LDI法により薄膜の弾性定数を決定する手順

例えば，**図2.16**は$4\times5\times0.2$ mm^{3}の直方体形状のSi基板上に，CoとPtからなる多層薄膜を約1 μm成膜した際の共振スペクトルの変化を示している。真空中で測定するため，共振周波数の測定精度は高く，完全に独立な測定間においても0.001%以下のばらつきで決まる。図2.14に示したように各共振周

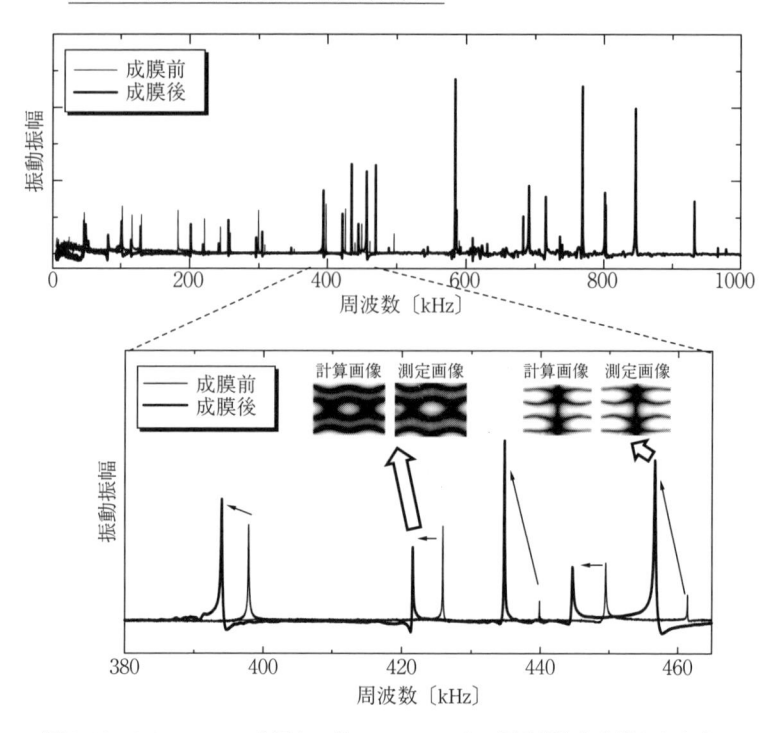

図 2.16 0.2 mm の Si 基板上に約 1 μm の Co/Pt 多層薄膜を成膜したときの共振スペクトルの変化と共振モード画像の測定・計算例

波数のモードを正確に特定するため，共振状態にある試料の上面にレーザ光を当て，反射光の周波数シフト量（ドップラーシフト）から面直方向の振動振幅を測定して振動分布を得る。こうして得られた振動パターンは「指紋」のように各モードに特有であり，これらを計算した画像と比較することにより正しくモードを特定することができる。

この手法の欠点は，基板を限定してしまう点である。薄膜の弾性定数の寄与を増加させるために，0.1〜0.2 mm 厚さの薄い基板を使用しなければならず，任意の基板上の薄膜の弾性定数を評価することはできない。

2.4.2 ピコ秒超音波法

米国ブラウン大学の Maris 教授らの研究グループは，パルスレーザを用いて

薄膜内に超高周波（～100 GHz）の超音波を励起し検出することに世界で初めて成功した。1980年代のことである[13),14)]。周期がピコ秒（＝10^{-12}秒）オーダーの超高周波超音波を用いた物性研究,「ピコ秒超音波」という研究分野の幕開けである。筆者らの研究グループは,この手法を薄膜やナノ/サブミクロン材料の弾性定数の計測法および弾性定数を介した薄膜の物性研究に展開し,高精度薄膜計測法として確立した[3),4),15)]。

金属薄膜にレーザ光をほんの一瞬,例えば100フェムト秒だけ照射する場合を考える（フェムト秒＝10^{-15}秒）。照射箇所の温度は極短時間の間に上昇して低下するため,瞬間的な熱膨張と収縮が起こり,これが音源となって超高周波の縦波超音波パルスが膜厚方向に伝播する。超音波は薄膜表面と基板との界面で反射を繰り返すが,このエコーを検出して音速を決定することができれば,式(2.9)のC_{33}（膜厚方向の縦弾性定数）が得られる。しかし,縦波が薄膜内を伝播する時間は非常に短く,100 nmの厚さの場合,一往復する時間はわずか30ピコ秒程度である。これほど短時間に起こる現象を正確に計測することができる装置は存在しない。例えば,1秒間に10^{11}個のデータサンプリング（100ギガサンプリング/秒）が可能な超高速デジタイザがあったとする（ここまで高速のデジタイザは汎用機としては存在しない）。これをもってしても,30ピコ秒間にたった3点しかサンプリングすることができないのである。このように,ピコ秒というのは途方もなく短い時間なのである。ところが,光からすると決してそうではない。30ピコ秒の間に光は9 mmも進むことができる。音速より光速が5桁以上も大きいためである。したがって,光計測を駆使することにより,ナノメートル・ピコ秒で起こる物理現象をミリメートル・秒オーダーの計測法によって正確にとらえることができるのである。

〔1〕 **光 学 系** 上述のような計測を可能とする光学系の例を**図2.17**に示す。光源には,一般にチタン・サファイアパルスレーザが使用される。光源からの出力パルス光（波長800 nm）を$\lambda/2$波長板に入射して,偏光方向を傾ける（光は横波であり,電場は進行方向と垂直な方向を向いており,これを偏光方向と呼ぶ）。つづいて,偏光ビームスプリッタ（PBS）により透過光と

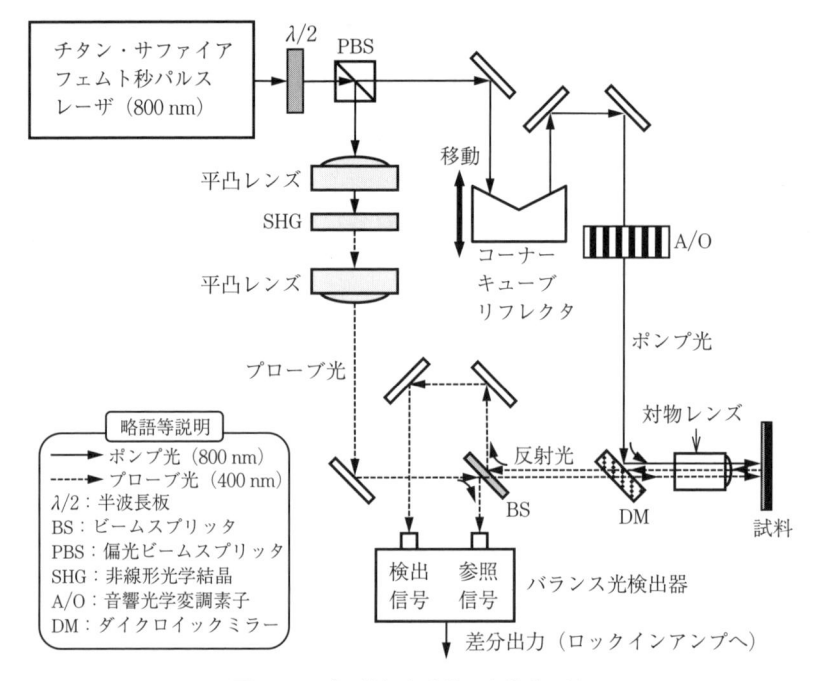

図 2.17 ピコ秒超音波法の光学系の例

反射光に分離する。PBS は，図 2.17 の紙面に垂直な偏光方向の光は反射し，紙面内の偏光方向の光を透過する。つまり，λ/2 波長板によって偏光角を調整すれば，透過光と反射光の強度比を調整することができる。

 PBS の透過光は，超音波を励起するポンプ光となる。これをコーナーキューブリフレクタと呼ばれる反射体に入射して光路長を与える。この反射体はマイクロステージに設置されており，ステージを移動することにより，ポンプ光の光路長を調整することができる。そして，音響光学変調素子によってポンプ光の強度を 0.1～1 MHz 程度で変調し，800 nm を反射するダイクロイックミラー（DM）によって反射させ，対物レンズを介して試料表面に集光して超音波を励起する。

 PBS の反射光はプローブ光となる。これをまず非線形光学結晶（SHG）に集光して波長を半分に（400 nm）する。ビームスプリッタ（BS）によりさらに

分離し，一方を参照光としてバランス光検出器に取り込み，もう一方を対物レンズを介して試料に照射する（このDMは400 nmの光は透過する）。先のポンプ光によって発生した超音波は，光から見ると回折格子であり，試料内に侵入したプローブ光の一部は後方へ回折（反射）される。この後方回折光を光検出器に入力し，参照光の成分を差し引いた出力をロックインアンプに入力し，A/Oにおいて変調した周波数成分を抽出することにより，ポンプ光がもたらした反射率変化を観測することができる。コーナーキューブリフレクタによりポンプ光の光路長を変化させると，ポンプ光が入射してからプローブ光が試料表面に照射されるまでの時間をフェムト秒の分解能で変化させることができる。例えば，ステージを1 μm動かしたとき，光路長は2 μm変化するが，光速を用いて換算すると，これはわずか6.7 fs（フェムト秒）の時間変化に相当する。したがって，コーナーキューブリフレクタを移動させながらプローブ光の反射率を計測することにより，極短時間の薄膜内の超音波の伝播の様子を観察することができる。

　この原理を用いた弾性定数の測定法には，ピコ秒パルスエコー法，ピコ秒共振法，ブリルアン振動法の3種類の手法がある。これらを以下に示す。

〔2〕 **ピコ秒パルスエコー法**　　概念図と測定例を**図 2.18**に示す。この手法は膜厚が50 nm程度以上の薄膜に対して有効である。ポンプ光により励起された超音波パルスは基板との界面および薄膜表面において多重反射を繰り返すが，薄膜表面付近に到達するたびにプローブ光の反射率に影響を与え，その反射率変化にパルスを生む。例えば，図2.18は厚さ94 nmのPt薄膜内のパルスエコーの測定結果である。約45 psごとに反射率変化のパルスが観測されており，この時間間隔で超音波が薄膜内を一往復していることがわかる（超音波により反射率が急激に低下している）。測定した伝播時間Δtと膜厚d，密度ρにより，膜厚方向の弾性定数が

$$C_{33} = \rho \left(\frac{2d}{\Delta t} \right)^2 \tag{2.17}$$

により得られる。膜厚dがきわめて重要なパラメータとなるが，これは2.4.3

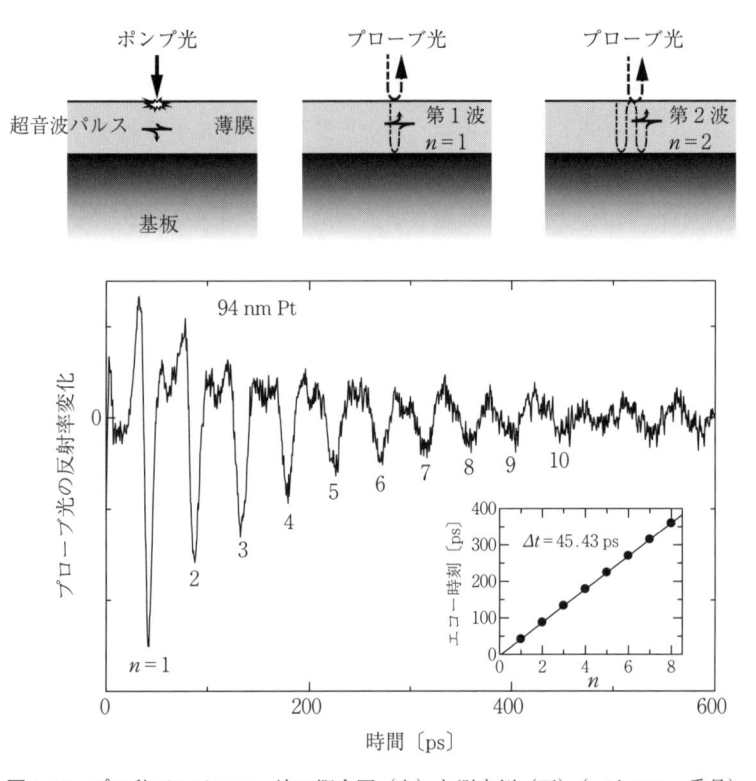

図2.18 ピコ秒パルスエコー法の概念図（上）と測定例（下）（nはエコー番号）

項において示すX線反射率測定法により正確に決定することができる。

〔3〕 **ピコ秒共振法** 鐘を打つと，打撃直後は多くの共振モードにより鳴り響き，やがて本来の音程を構成するモードだけが残り，長時間鳴り響く。これと同じように，極短パルス光を薄膜に照射すると，瞬間的な力学負荷が加えられたことになり，さまざまな周波数を有する格子振動（フォノン）が励起される。薄膜が薄いとき（＜〜50 nm），定在波（共振）をつくるモードが残存して鳴り響く（もっともわれわれには聴こえないが）。このときの周波数が膜厚方向の共振周波数である。例えば基板の音響インピーダンスが薄膜のそれよりも小さいとき（多くの場合この条件が満足される），基本モードに対しては$f=v/2d$により共振周波数が得られる（半波長が膜厚に等しいという条件）。v

2.4 薄膜の弾性定数を正確に測定する方法　59

は音速である。共振状態にある薄膜にプローブ光を照射すると，その反射率も同じ周波数で振動するため，この周波数を計測することにより，薄膜の弾性定数が

$$C_{33} = \rho(2df)^2 \tag{2.18}$$

として求まる。**図 2.19** は，ピコ秒共振の測定例である。Si 基板上に Co と Pt からなる成分を有する薄膜を 30 nm 成膜したときの共振の様子である。約 66 GHz の共振周波数が観測されていることがわかる。このように，ピコ秒共振法を用いれば，他の手法では計測がきわめて困難な極薄の薄膜の弾性定数を測定することができる。5 nm 程度の薄膜に対しても精度よく弾性定数が測定

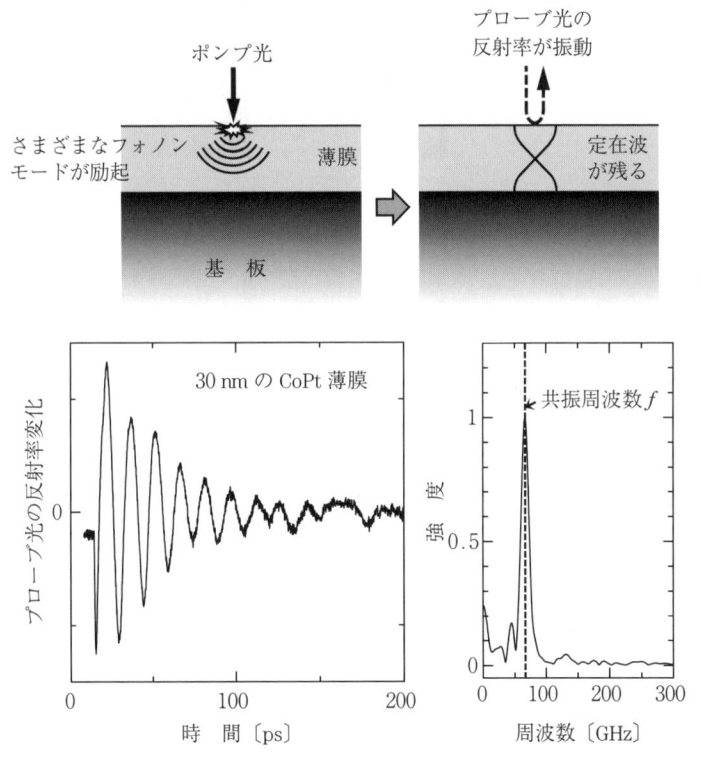

図 2.19 ピコ秒共振法の概念図（上）と測定例（下）（プローブ光の反射率が薄膜の共振周波数で振動する（左下）。フーリエ解析により共振周波数が求まる（右下））

されている[16]。

〔4〕 **ブリルアン振動法** この手法は，超音波による光の回折現象を利用しており，透明・半透明薄膜（酸化物や半導体など）に対してきわめて有効な手段である。弾性定数の決定に寸法（膜厚）を必要としないという利点も有する。**図 2.20** に原理図および Si 基板上に石英ガラス薄膜（660 nm）を成膜した試料に対する測定例を示す。

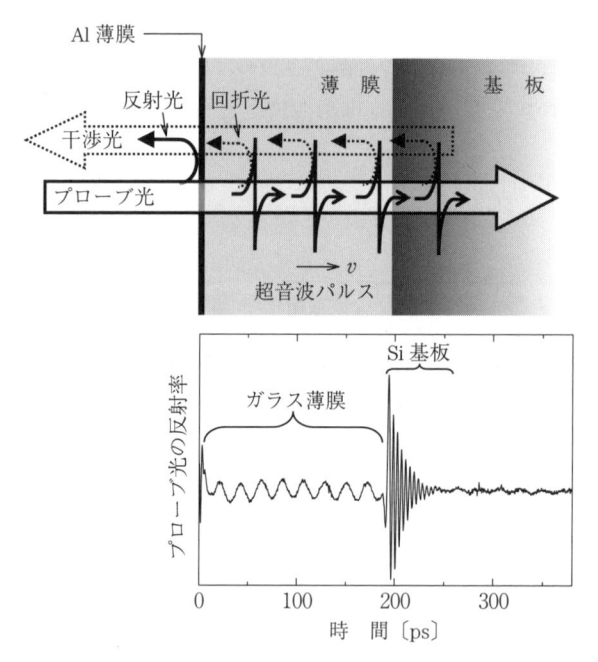

図 2.20 ブリルアン振動法の原理図（上）と 660 nm の石英ガラス（アモルファス SiO_2）薄膜を Si 基板上に成膜した試料に対する測定例（下）（ガラスからのブリルアン振動（45 GHz）が観測された後，超音波パルスが基板に達すると Si からの高周波のブリルアン振動（235 GHz）が観測される）

透過性の試料のときには，試料表面に 10 nm 程度の薄い Al 薄膜を成膜し，ポンプ光を集光して Al 部の熱膨張・収縮により超音波を励起する。超音波によるひずみは原子間距離の変化を介して電荷密度の分布を生む。したがって，電荷密度は超音波の波長分布と等価な分布を示す。光の屈折率は電荷密度に依

存するため，これも超音波の波長分布と等価な分布を生じる。周期的に分布する屈折率は光から見れば回折格子である。ポンプ光の過渡的力学衝撃により生じる超音波パルスはさまざまな波長を有するため，超音波パルスが存在する場所にはさまざまな格子間隔の回折格子が存在することになる。この状態からプローブ光が照射されると一部は表面で反射するが，Alが薄いため大部分は試料内に透過して超音波がつくる回折格子によって後方へ回折され，表面で反射した光と干渉する。回折光が強め合う条件は，光の物質内での波長（λ_{op}/n）が超音波の波長（λ_{ac}）の2倍に等しいときである。ここでnはプローブ光に対する屈折率を表す。超音波が内部へ進行すると，回折光の位相が周期的に変化するために，反射率が振動する。この振動を**ブリルアン振動**と呼ぶ。ブリルアン振動の周波数f_{BO}は超音波の周波数と等しく，上述の回折条件から

$$f_{BO} = \frac{2nv}{\lambda_{op}} \tag{2.19}$$

となる。このように，ブリルアン振動の周波数を測定することにより，次式から弾性定数が求まる。

$$C_{33} = \rho \left(\frac{\lambda_{op} f_{BO}}{2n} \right)^2 \tag{2.20}$$

屈折率nはエリプソメトリー法という確立された光学計測法によって測定することができる。図2.19の測定結果では，低周波の振動（45 GHz）の後，高周波（235 GHz）の振動が観測されている。前者は石英ガラス薄膜からのブリルアン振動であり後者はSi基板からのそれである。Siは石英ガラスよりも屈折率と音速が共に大きく，高い周波数のブリルアン振動が観測される。Si部の振動の減衰は，超音波の減衰ではなく，400 nmのプローブ光が急激に減衰することによる。

2.4.3　膜厚を正確に測る：X線反射率測定

薄膜の弾性定数を測定する場合，膜厚はきわめて重要なパラメータである。ブリルアン振動法以外のすべての静的・動的手法において，膜厚dは弾性定

数の算出に必須である．電子顕微鏡の断面観察による膜厚評価は信頼性が低い．観察の仕方（試料の傾け方）や基板と薄膜の界面の判断の曖昧さ，断面を作成した際の端面の盛上りなど，多くの不確定な要素が関与する．特に，100 nm を下回る薄膜の場合，測定精度は低下する．

基板上の薄膜の膜厚はX線反射率測定により高い精度をもって決定することができる．通常，X線に対する屈折率は金属材料では1より小さいため，浅い角度でX線を薄膜に入射すると，X線は全反射して薄膜内には侵入しない．この状態から徐々にX線の入射角度（図2.21のθ）を大きくしていくと，ある角度（臨界角）を境に，X線は表面で反射するだけでなく，薄膜内にも侵入する．そして，基板表面で反射して薄膜表面で反射したX線と干渉する．入射角を変化させると表面反射X線と基板反射X線の光路差が変化するために図2.21に示すような干渉ピークが多数発生する．ピーク間隔はほぼ膜厚だけで決まる．このような反射率に対する理論計算は十分に確立されており[17]，反射率の入射角度依存性の測定値に理論値をフィッティングさせることによって膜厚が正確に得られるのである（通常1％以内の誤差）．X線の波長は0.15 nm程度と短く，これは細かい目盛を有する物差しによって厚さを計測することになり，さらに，波動の干渉効果も取り入れているために，原理的に測定精度は高い．

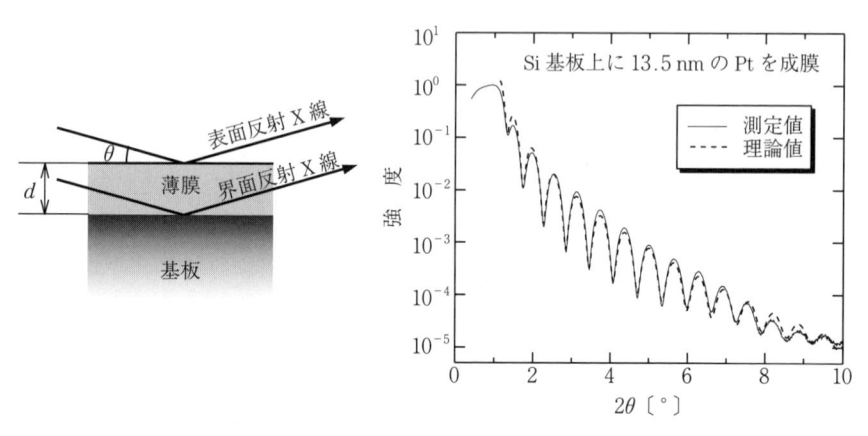

図2.21 X線反射率測定法の概念図（左）とPt薄膜に対する測定例（右）

2.5 さまざまな薄膜の弾性定数の測定例

2.4節において述べたように,膜厚をX線反射率測定により計測し,RUS法あるいはピコ秒超音波法によって,薄膜の弾性定数を正確に計測できることを解説した。特に,後者においては測定精度が高く,膜厚が10 nmを下回っても適用することができる。これらの手法を用いてさまざまな薄膜の弾性定数が測定されており,それらのいくつかを紹介する。

2.5.1 薄膜の弾性定数はかなり小さい

図 2.22 に,ピコ秒超音波法によって測定したさまざまな薄膜の弾性定数を,対応するバルク材料の弾性定数によって正規化した結果を示す。特殊な成膜法ではなく,一般的な成膜法(スパッタリング法や蒸着法)により成膜された薄膜であり,成膜条件はさまざまである。この図からわかるように,薄膜の

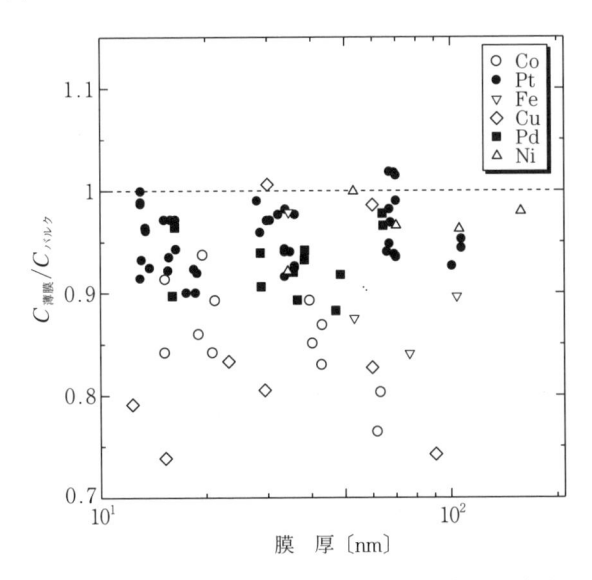

図 2.22 各種薄膜の弾性定数(面直縦弾性定数)の測定結果
(縦軸は対応する材料のバルク値において正規化している)

弾性定数は基本的にはバルク値よりも小さいことに注意したい。この図にはプロットしていないが，成膜時の真空度が悪かったり成膜レートが高すぎるなどすると，バルク値の7割以下となることもしばしばである。このことからも，薄膜を用いたデバイス設計において弾性定数にバルク値を用いることは避けるべきであり，同一条件において作成した薄膜そのものの弾性定数を計測する必要があることがわかる。薄膜の弾性定数が一般的に小さくなる原因は，薄膜内に不完全結合部や結晶性の低い領域が発生するためである。薄膜が基板上に成長する際に，まず基板上で核生成が起こり，これらの核が成長して結合する。こうしてつくられた結合部（広い意味での結晶粒界）には，結合力の弱い不完全結合部や結晶性の低い領域がしばしば生じる。両者は共に局所的な結合力を低下させ，この効果は薄膜全体の巨視的な結合力の低下として弾性定数に反映される（後述するように，この影響は面内弾性定数により顕著に現れる）。

2.5.2 単結晶薄膜

基板に単結晶体を使用したとしても，通常は基板表面が酸化膜などで覆われているために，基板の原子配置を反映した薄膜構造は得られない。例えば，Si基板の場合，表面にアモルファス SiO_2 の極薄の酸化層が存在する（通常は1nm以下の厚さ）。この上に薄膜を成膜しても，基板の原子構造の情報は伝わらずに多結晶の薄膜が生成され，図2.22において示したように欠陥を有し，弾性定数の低い薄膜となる。そこで，Si基板表面をフッ化水素（HF）などにより洗浄してこの酸化膜を除去してから薄膜の成膜を行えば，基板の原子構造の情報を受けた**単結晶薄膜**の成膜が可能となる。例えば，(001)面のSi基板上にCuを成膜すれば，Cuの(001)面が膜面となる単結晶薄膜が生成される（**図2.23**)[18]。単結晶薄膜内には，上述したような不完全結合部が少ないために，弾性定数はバルクの値とほぼ同じになる（図2.23(c)）。このようなケースは，Si上のCuの他に，酸化マグネシウム（MgO）基板上のPtなどにおいても起こる[19]。

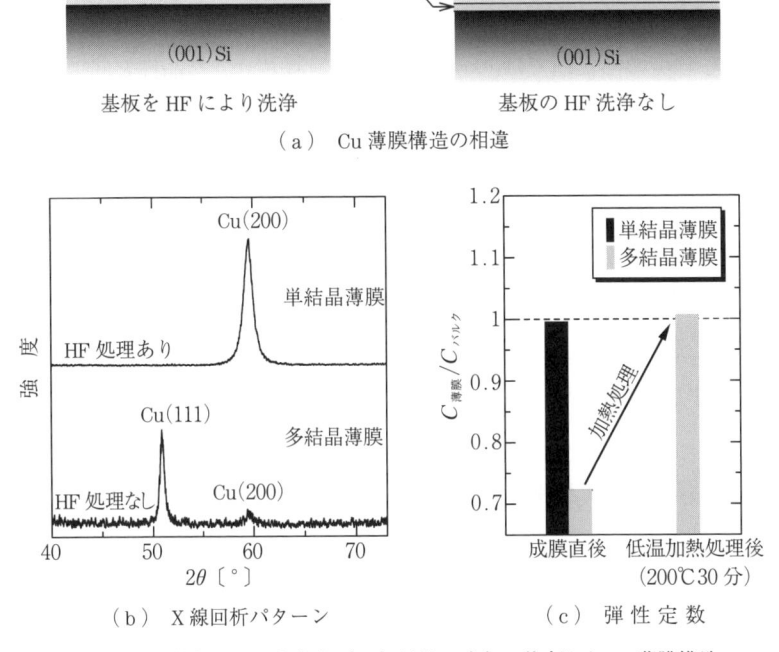

(a) Cu 薄膜構造の相違

(b) X 線回折パターン

(c) 弾性定数

図 2.23 Si 基板のフッ化水素（HF）洗浄の有無に依存した Cu 薄膜構造の相違（上），それらの X 線回折パターン（左下），およびバルク値により正規化した弾性定数（右下）

2.5.3 薄膜の欠陥を癒す低温加熱処理

多結晶薄膜には不完全結合部が多く含まれるために，成膜した後の弾性定数は一般的にバルク値を下回る（図 2.22）。欠陥の存在は，デバイスの性能や寿命を低下させるために避けたいところである。単結晶薄膜を用いればこういった問題は解決されるが，基板の表面処理費用がかさみ，また基板と薄膜の組合せが限定されるために，実用的には適用できない場合が多い。

そこで，多結晶薄膜内に発生した不完全な結合を回復させる手法として，低温加熱処理がある。例えば，フッ化水素洗浄を行っていない Si 基板上に Cu を成膜すると，上述したように多結晶薄膜が生成され，この弾性定数はバルク値の 70% 程度と低い（図 2.23）。しかし，この薄膜に 200℃ の低温加熱処理を真

空中で30分程度施すと，弾性定数の値はバルク値まで回復する（図2.23）[18]。バルク体の場合，Cu内の転位などの欠陥の回復温度は，通常400℃以上と高く，200℃程度の熱処理では，十分に欠陥を消滅させて結晶性を向上させることはできない。しかし，薄膜の場合，表面や界面の占める割合が極端に大きく，もともとエネルギーの高い（見かけの温度が高い）状態にあるため，このような低温の加熱処理においても十分に欠陥を消滅させ，結晶性を向上させることができる。ただし，熱処理温度が高すぎると基板原子の薄膜への拡散などが起こり，逆に薄膜の弾性や機能を低下させてしまう。したがって，個々の薄膜において適切な熱処理条件を見出すことが重要であり，この指標としても弾性定数は非常に有効である。

2.5.4 弾性定数がバルク値を超える薄膜・ナノ材料

バルク値を超える弾性定数を示す薄膜やナノ材料がいくつか発見されている。ここでは，多結晶のPtナノ薄膜[16]，アモルファスSiO_2薄膜[20]，ナノ双晶多結晶ダイヤモンド[21]の例を紹介する。

〔1〕 **多結晶Ptナノ薄膜**　図2.24は，ピコ秒超音波法を用いて測定した多結晶Ptナノ薄膜の弾性定数の膜厚依存性である。膜厚が大きいとき（＞～30 nm）は，Pt薄膜の弾性定数はバルク値よりも低い。例えば膜厚100 nmの薄膜では，(111)集合組織を仮定したときの値よりも約10%低く，完全な等方体を仮定した値よりも3%程度低くなる。しかし，膜厚が20 nmを下回るとき，弾性定数は増加し，有意にバルク値を上回る。膜厚が5 nm程度のときは，(111)集合組織の値よりも10%ほど高くなる。通常の材料では，膜厚の低下とともに結晶粒径も小さくなり，不完全結合部の割合が増加するため弾性定数は低下する。したがって，膜厚の低下に伴って弾性定数が増加することはきわめて異例である。(111)配向は最大の弾性定数を与える結晶配向であるため，これよりも高い弾性定数は結晶の配向性の変化では説明することができない。極薄内のひずみの影響も考えられたが，ひずみの効果ではここまで大きな弾性定数の増加を説明することはできない。現在もこの効果をもたらすメカニ

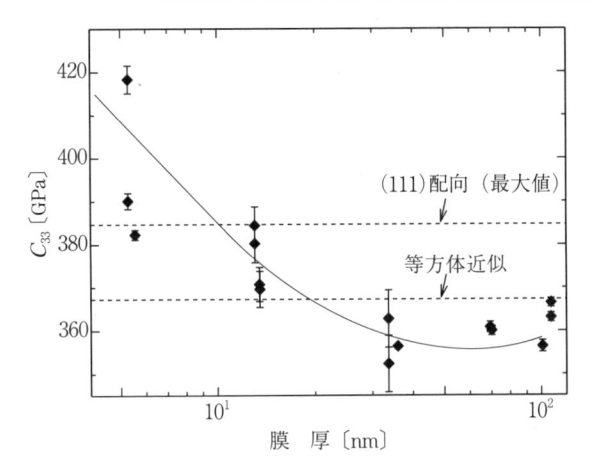

図 2.24　多結晶 Pt 薄膜の弾性定数の膜厚依存性

ズムは解明されていない.

〔2〕　**アモルファス SiO_2 薄膜**　図 2.25 は,Si 基板上に成膜したアモルファス SiO_2（石英ガラス）薄膜の弾性定数の測定結果である.ブリルアン振動法により測定された.薄膜は反応性スパッタリング法という手法により成膜されており,膜厚は 500〜1 000 nm である.図に示すように,成膜条件に依存して薄膜の弾性定数が変化しているが,最も注目すべき点は,薄膜の弾性定数がバルク値を大きく上回っていることである.条件によっては 15% 程度も弾性定数がバルク値よりも高い.アモルファス SiO_2 は,Si と O からなる単位構

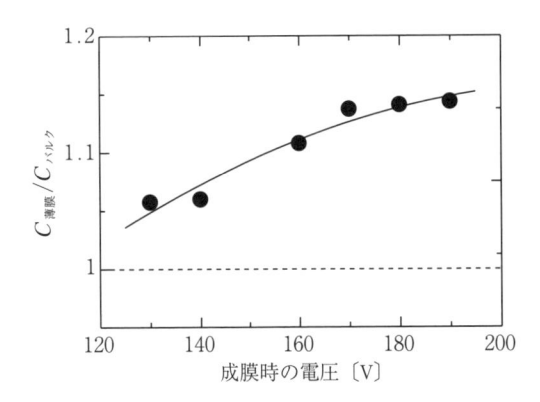

図 2.25　アモルファス SiO_2 薄膜の弾性定数

造が六員環などのネットワークを形成し不規則構造をとるが，作成条件によって主体となる員環の員数が異なる．一般に薄膜はエネルギーが高い状態で生成されるため，六員環よりも員数の少ない五員環や四員環などが多く生成される．この結果，高密度となり巨視的原子間結合力が増して弾性定数は増加したと考えられる．

重要なことは，アモルファス SiO_2 薄膜が多くのデバイスにおいて使用されていることである．特に，携帯電話などの通信機フィルタには微細振動体デバイスが使用されており，（携帯電話内で）これを共振させて通信周波数が選択されている．アモルファス SiO_2 薄膜はその振動体の一部を担っており，その弾性定数が振動体の共振周波数に直接影響を与える．つまり，こういったデバイスの設計には弾性定数は欠かすことができないのである．決定的に重要なことは，薄膜の弾性定数としてバルク値を使用することができない点である．15％も弾性定数が変化すると，意図した周波数の信号を受信することができない．デバイス作成の際の成膜条件において薄膜を成膜し，その弾性定数を測定しなければならないのである．

〔3〕 **ナノ双晶多結晶ダイヤモンド**　原子間結合力の指標が弾性定数である．最大の弾性定数をもつ物質がダイヤモンドであり，このことが高い融点，高い熱伝導率，高い硬度を支えている．弾性定数が大きな物質は，それが鳴り響くときの周波数も高いため，通信共振デバイスの高周波化を実現する．こういった学術的・実用的背景があり，ダイヤモンドを超える弾性定数を有する物質が長年世界中で探究されてきたが，2013年に初めて発見された．その物質は，ナノ多結晶ダイヤモンドの各結晶粒内に双晶と呼ばれる特殊な欠陥が混入したものであり，**ナノ双晶多結晶ダイヤモンド**と呼ばれている[21]．一般に結晶粒の微細化により弾性定数は低下する．結合力が小さい結晶粒界の占める割合が増えるためである．したがって，ナノサイズの結晶粒からなるナノ双晶多結晶ダイヤモンドにおいても弾性定数の大幅な低下が予測された．しかし，結果は正反対であった．

ナノ双晶多結晶ダイヤモンドは，高温・高圧条件で作成されるが，数mm

程度の小さなサイズの試料しか得られないため，ブリルアン振動法が適用された。この手法であれば，試料のごく一部（直径 50 μm 程度）にレーザ光を当てることにより弾性定数の測定が可能である。図 2.26 に，双晶を含まないナノ多結晶ダイヤモンド（化学気相成長により作成）と双晶を含むナノ双晶多結晶ダイヤモンドのブリルアン振動波形およびフーリエスペクトルを示す。式(2.19) より，ブリルアン振動数が高いと弾性定数が大きいことに相当するため，ナノ双晶多結晶ダイヤモンドの弾性定数が，双晶を含まないナノ多結晶ダイヤモンドのそれよりもかなり高いことがわかる。実際，図 2.27 にそれぞれ複数の試料の弾性定数の測定結果を示す。ナノ多結晶ダイヤモンドの弾性定数は，バルク値（単結晶ダイヤモンドの等方体平均値）よりも 10% 程度低いが，ナノ双晶多結晶ダイヤモンドの弾性定数は，有意にバルク値を超えていることがわかる。双晶は，ダイヤモンド以外の結晶性材料においてもよく観察される欠陥の一種である。結晶構造は大きく乱さないものの，欠陥であるがゆえに，通常はその箇所の結合力は低下し，弾性定数は低下する。ところが，ダイヤモンドにおいては，双晶欠陥部の結合がむしろ強化され，この結果，ナノ双晶多結晶ダイヤモンドの弾性定数が増加することが明らかにされた[21]。弾性

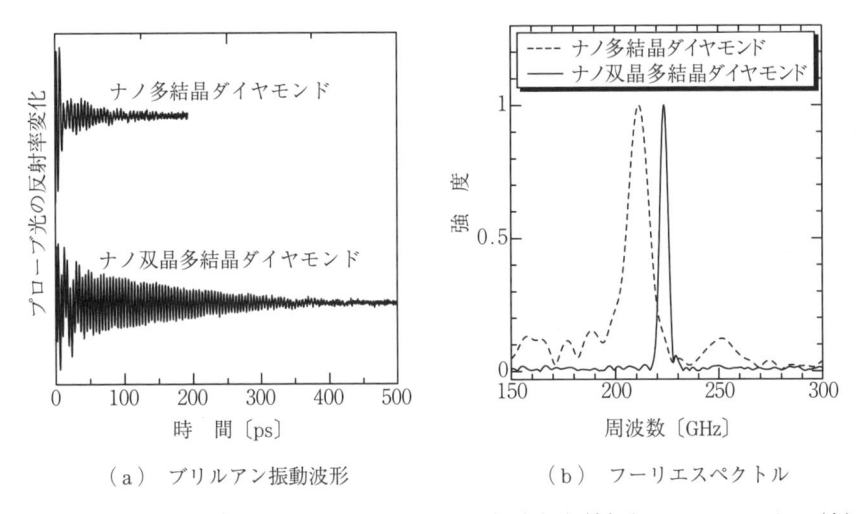

図 2.26　2 種類のナノ多結晶ダイヤモンドのブリルアン振動波形（左）とフーリエスペクトル（右）

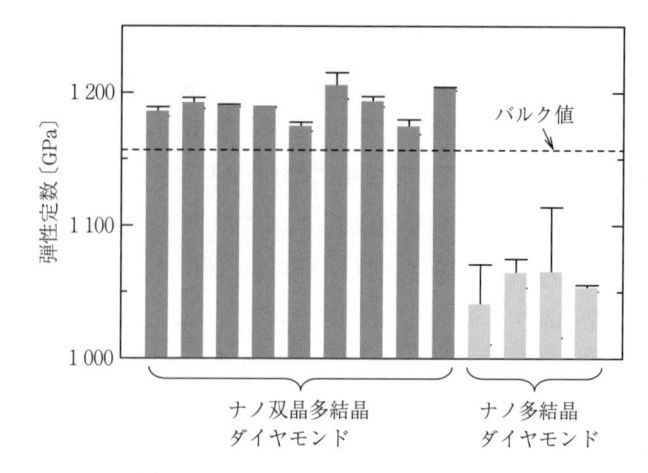

図 2.27　ナノ双晶多結晶ダイヤモンドとナノ多結晶ダイヤモンドの弾性定数

定数は，硬さとは異なり，温度と圧力，物質の構造が決まれば，一定の値を示す物性値である．したがって，物質中最大の弾性定数を誇るダイヤモンドにおいて，弾性定数が増加したことはきわめて重要な事例である．

2.5.5　薄膜の弾性異方性の観測例

薄膜の弾性的性質が面直方向と面内方向とで異なることはすでに述べたが，この**弾性異方性**は，特定の結晶面が膜面を形成する集合組織によるものと，配向した欠陥によるものの 2 種類の寄与が考えられる．いずれの寄与が大きいかを，RUS/LDI 法とピコ秒超音波法の両方を用いて検討した結果を**図 2.28** に示す．対象とした試料は結晶の異方性の大きい Cu である．Si 基板上に多結晶 Cu 薄膜を成膜し，面直の縦弾性定数 C_{33} をピコ秒超音波法によって測定し，また，面内の縦弾性定数 C_{11} を RUS/LDI 法によって測定した．多結晶 Cu は (111) 集合組織を示すため，この場合のバルク値を図に破線で示した．バルク値においてすでに異方性を示しているが，これが集合組織効果である．ところが，実際に測定された弾性定数は，さらに異方性が強まっている．面内弾性定数 C_{11} の低下が著しく，バルク値よりも 12% 程度低い．一方，面直弾性定数 C_{33} はバルク値よりも 3% 程度の低下に収まっている．これは，柱状の結晶粒

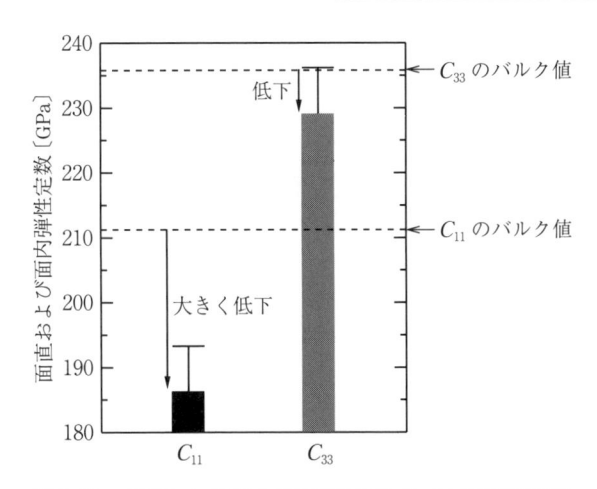

図 2.28 多結晶 Cu 薄膜の面内弾性定数 C_{11} と面直弾性定数 C_{33} の比較（破線はそれぞれのバルク値を示す）

間に不完全結合部が多く存在し，その影響により，面内方向の結合力が低下したことを意味する[22]。ハーバード大学のグループがマイクロ引張試験法により，厚さ 3 μm の Cu, Ag, Al 薄膜の面内ヤング率を計測したが，やはりバルク値よりも 20% も低下すると報告した[23]。このように，多結晶薄膜の場合，発生する弾性異方性は主に配向した欠陥が原因である。

2.6 おわりに

薄膜の弾性定数は，膜厚や成膜方法と成膜条件，基板などのさまざまな要因に影響されるため，同一材料であっても異なることが一般的である。その幅も大きく，バルク値の半分以下の場合もある。成膜レートを下げて真空度を上げる，成膜後に低温の加熱処理を行うなどの工夫によりバルク値に近づけることは可能であるが，実際にデバイスに使用する場合と同一条件において作成して評価しなければならない。

薄膜に対する弾性定数の測定法はこれまで多く提案されてきたが，信頼性の高い手法は少ない。特に静的な手法の精度は原理的に低いことに注意しなけれ

表 2.1 弾性定数の測定法（動的手法と静的手法）

	手法	測定精度	測定可能な膜厚の下限	測定可能な弾性定数	試料の寸法誤差の影響	試料保持の影響	試料加工の必要性	成膜中の測定	基板上の薄膜の測定が可能	基板への依存性	必要な基板情報	測定機器の価格
動的手法	ピコ秒超音波法	◎	~5 nm	面直縦弾性率 C_{33}	小	なし	なし	○	○	なし	なし	高
動的手法	RUS法	○	~100 nm	面内弾性率 C_{11}, C_{66}, E_1	小	小	なし	○	○	特定の基板が必要	弾性率, 密度, 寸法	低
動的手法	表面超音波法	○	~100 nm	表面波弾性定数	小	なし	なし	○	○	なし	弾性率, 密度	中
動的手法	振動リード法	○	~100 nm	面内ヤング率 E_1	小	大	なし	○	○	特定の基板が必要	弾性率, 密度, 寸法	低
静的手法	マイクロ曲げ試験	△	~500 nm	面内ヤング率 E_1	甚大	大	有	×	△	なし	なし	高
静的手法	マイクロ引張試験	△	~500 nm	面内ヤング率 E_1	大	大	有	×	△	なし	なし	高

ばならない。静的試験法では，試験後の試料が破壊されてしまうことが多く，同一試料を複数の手法によって評価することが困難となり，計測結果の信頼性を客観的に確保することが難しいことも問題である。

各種弾性定数の測定法とそれらの特徴を**表2.1**にまとめる。測定精度や試料形状を選ばないこと，数 nm という極薄の薄膜にも適用可能であるということから，ピコ秒超音波法が最も優れた手法であることは疑う余地がない。ただし，フェムト秒パルスレーザという高額な光源が必要となり，また，光学系の構築には特殊な技能が要求されるため，すぐに導入することができないという欠点を有する。

引用・参考文献

1) 荻　博次，平尾雅彦：電磁超音波共鳴と材料評価～弾性定数と内部摩擦の非接触精密測定～，まてりあ，**41**，pp.628-634（2002）
2) 荻　博次，平尾雅彦：共振ヤング率顕微鏡 ―局所弾性的性質の可視化―，金属，**76**，pp.50-56（2006）
3) 荻　博次，中村暢伴，平尾雅彦，薄膜の弾性定数を精度よく測る方法 ―RUS/レーザー法とレーザーピコ秒超音波法―，金属，**76**，pp.57-63（2006）
4) 荻　博次：ピコ秒レーザ超音波法による薄膜の弾性定数測定，超音波 TECHNO，**20**，6，pp.51-56（2008）
5) 荻　博次：弾性力学，共立出版（2011）
6) A. Kinbara, S. Baba, N. Matuda and K. Takamisawa：Mechanical properties of and cracks and wrinkles in vacuum-deposited MgF_2, carbon and boron coatings, Thin Solid Films, **84**, 2, pp.205-212（1981）
7) D.C Hurley, V.K. Tewary and A.J. Richards：Thin-film elastic-property measurements with laser-ultrasonic SAW spectrometry, Thin Solid Films, 398-399, pp.326-330（2001）
8) A. Migliori and J.L. Sarrao：Resonant Ultrasound Spectroscopy：Applications to Physics, Materials Measurements, and Nondestructive Evaluation, Wiley-Interscience, New York（1997）
9) 荻　博次，中村暢伴，平尾雅彦：異方性微小固体の全ての弾性定数と圧電定数を一つの試料から決定する方法 ～モード特定共鳴超音波スペクトロスコピー～，超音波 TECHNO，**15**，2，pp.60-65（2003）
10) I. Ohno：Free vibration of a rectangular parallelepiped crystal and its application

to determination of elastic constants of orthorhombic crystals, J. Phys. Earth, **24**, pp. 355-379 (1976)
11) H. Ogi, G. Shimoike, M. Hirao, K. Takashima and Y. Higo : Anisotropic elastic-stiffness coefficients of an amorphous Ni-P film, J. Appl. Phys., **91**, pp. 4857-4862 (2002)
12) N. Nakamura, H. Ogi and M. Hirao : Elastic constants of chemical-vapor-deposition diamond thin films: Resonance ultrasound spectroscopy with laser-Doppler interferometry, Acta Materi., **52**, pp. 765-771 (2004)
13) C. Thomsen, J. Strait, Z. Vardeny, H.J. Maris, J. Tauc and J.J. Hauser : Coherent phonon generation and detection by picosecond light pulses, Phys. Rev. Lett., **53**, pp. 989-992 (1984)
14) C. Thomsen, H.T. Grahn, H.J. Maris and J. Tauc : Surface generation and detection of phonons by picosecond light pulses, Phys. Rev., **B34**, pp. 4129-4138 (1986)
15) 荻 博次：ピコ秒レーザー超音波スペクトロスコピーによるナノ薄膜の弾性定数の精密測定, 生産と技術, **63**, 3, pp. 63-66 (2011)
16) H. Ogi, M. Fujii, N. Nakamura, T. Yasui and M. Hirao : Stiffened ultrathin Pt films confirmed by acoustic-phonon resonances, Phys. Rev. Lett., **98**, 195503 (2007)
17) L.G. Parratt : Surface studies of solids by total reflection of x-rays, Phys. Rev., **95**, pp. 359-369 (1954)
18) N. Nakamura, H. Ogi and M. Hirao : Stable elasticity of epitaxial Cu thin films on Si, Phys. Rev., **B77**, 245416 (2008)
19) N. Nakamura, Y. Kake, H. Ogi and M. Hirao : Strong strain-dependent elastic stiffness in ultrathin Pt films on MgO, J. Appl. Phys., **108**, 043525 (2010)
20) H. Ogi, T. Shagawa, N. Nakamura, M. Hirao, H. Odaka and N. Kihara : Elastic constant and Brillouin oscillations in sputtered vitreous SiO_2 thin films, Phys. Rev., **B78**, 134204 (2008)
21) K. Tanigaki, H. Ogi, H. Sumiya, K. Kusakabe, N. Nakamura, M. Hirao and H. Ledbetter : Observation of higher stiffness in nanopolycrystal diamond than monocrystal diamond, Nat. Commun., **4**, 2343 (2013)
22) N. Nakamura, H. Ogi, H. Nitta, H. Tanei, M. Fujii, T. Yasui and M. Hirao : Study of elastic anisotropy of Cu thin films by resonant-ultrasound spectroscopy coupled with laser-Doppler interferometry and pump-probe photoacoustics, Jpn. J. Appl. Phys., **45**, 5B, pp. 4580-4584 (2006)
23) H. Huang and F. Spaepen : Tensile testing of free-standing Cu, Ag and Al thin films and Ag.Cu multilayers, Acta Mater., **48**, 3261-3269 (2000)

3 微小材料や薄膜の材料強度評価法

3.1 は じ め に

　半導体デバイス，微小電気機械システム（MEMS）は，携帯機器，自動車などの可搬電子システムに広く利用されるため，衝撃や繰返し振動に対する高い信頼性を求められ，そこで用いられる微小材料や薄膜の機械的信頼性，材料強度評価は重要である。一般に，材料の強さや疲労寿命に対しては寸法効果がある。例えば金属材料では降伏点や引張強さが結晶粒径に依存して粒径の1/2乗に比例するとされており，マイクロ・ナノスケールの材料でもこれに従うことが明らかにされている[1]。また，MEMS構造材料の代表であるシリコンにおいては破壊が試験片に含まれる欠陥に支配され，破壊，疲労特性がワイブル統計で表されることが知られている。このため，破壊の起点となる欠陥の存在確率に従って引張強さ，疲労寿命が寸法効果を示すことが明らかにされている[2]。図3.1はシリコンの引張強さの測定結果の寸法効果を表したものである。さらに，微小材料では**半導体微細加工技術**のようなこれまでに機械構造に用いられていなかった成膜法，加工法が用いられており，同一材料，同一組成の材料であっても強度が大きく異なることが知られている。このため，微小材料や薄膜の引張強さの測定では，デバイスの代表寸法に近い大きさの試験片をデバイスと同じ加工プロセスで作製して評価する必要がある。

　本章では，MEMS用薄膜の材料特性評価法として**国際電気標準会議**（International Electrotechnical Commission, **IEC**）で**国際標準化**され，JIS化

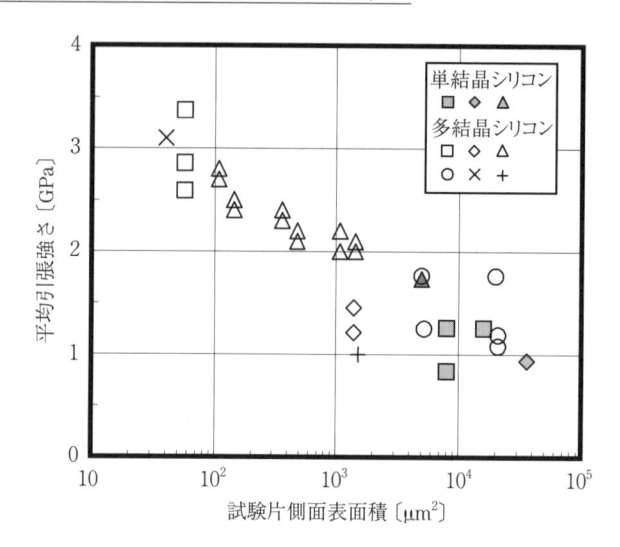

図3.1 シリコン微細構造体の引張強さの寸法効果

も行われている薄膜材料の特性評価方法の規格に準拠した具体的な評価手法を紹介する。

3.2　MEMS用薄膜の材料特性評価法標準規格

薄膜の材料特性評価方法はIECのTC47/SC47F Semiconductor devices/ Micro-electromechanical systems（半導体デバイス/微小電気機械システム）において議論され，IECにおいて出版された規格は順次，**日本工業規格（JIS）** 化が行われている。JISは対応国際規格との整合性をとって制定されている。これまでに国際標準として発行されたIEC/JIS規格文書を**表3.1**に示す。

これらの標準規格は主に既存のマクロスケール材料に対する試験方法を基礎として，微小な試験片を評価するにあたって，注意，考慮が必要な内容を詳細に記述する内容となっている。規格を見ていくことで，試験において留意する内容がわかる。本章では微小材料・薄膜の**材料特性評価**において共通して考慮すべき項目について議論する。

表3.1 マイクロマシン/MEMS材料の材料特性評価方法標準規格

IEC	JIS	規 格 名
62047-2	C5630-2：2009	Tensile testing method of thin film materials
62047-3	C5630-3：2009	Thin film standard test piece for tensile testing
62047-6	C5630-6：2011	Axial fatigue testing methods of thin film materials
62047-8		Strip bending test method for tensile property measurement of thin films
62047-10		Micro-pillar compression test for MEMS materials
62047-11		Test method for coefficients of linear thermal expansion of free-standing materials for micro-electromechanical systems
62047-12	C5630-12：2014	Bending fatigue testing method of thin film materials using resonant vibration of MEMS structures
62047-14		Forming limit measuring method of metallic film materials
62047-18	C5630-18：2014	Bend testing methods of thin film materials

3.3 共 通 項 目

3.3.1 寸 法 範 囲

微小材料と一口にいってもその寸法範囲は非常に広い。図3.1にあるように膜厚はナノメートルから数十マイクロメートルまで，平面寸法はナノメートルから場合によってはミリメートルオーダーとなることがある。国際標準規格では実用MEMSデバイスで用いられる寸法を考慮して，「長さ1mm以下，幅1mm以下及び厚さ10μm以下」あるいは「長さ及び幅が1mm以下，かつ，厚さが0.1μm～10μmの範囲」などと定義されている。

3.3.2 荷　　　重

評価に必要な荷重は寸法によって大きく変化する，1軸曲げ，ねじりを考えると棒状試験片であれば断面積に比例する。このため，上記の寸法範囲で荷重範囲を考えると，ニュートンからナノニュートンの計測が必要となる。このため，試験方法と試験片寸法に応じて適切な荷重印加，計測方法を選択することが重要となる。図3.2は微小材料の特性評価で用いられる荷重計測手段とそ

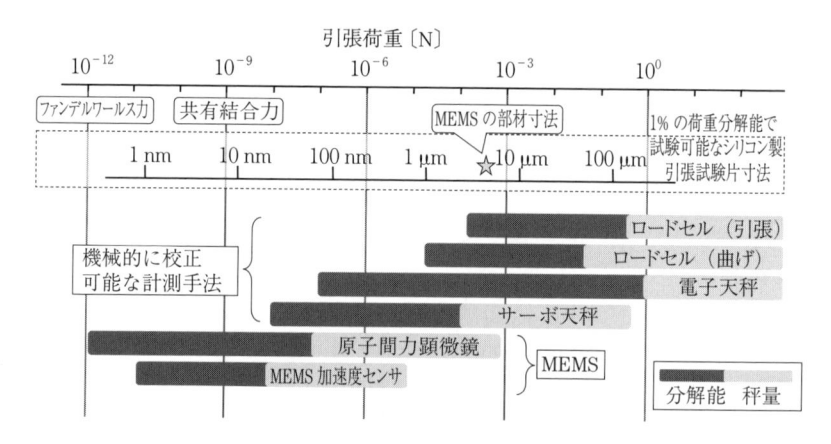

図3.2 微小材料，薄膜の材料試験における荷重計測

の荷重計測範囲（秤量と分解能）を示したものである．また，シリコンのヤング率を想定して，1％のひずみを1％の分解能で計測するために必要な荷重分解能をスケールに示している．断面寸法が数 μm の金属や半導体などの剛性が高い材料試験片では微小荷重用ロードセルで必要な荷重分解能が得られることがわかる．しかし，ナノメートルオーダーの試験片や剛性の低い樹脂材料では特殊な機器が必要となる．カーボンナノチューブや分子材料の剛性試験では原子間力顕微鏡（4.3.6項 参照）のフォースカーブによる計測や MEMS 荷重センサによる試験が行われている．しかし，これらの手法では機械的な手法での校正が行われていないことが課題である．

荷重印加においては，荷重計測の困難さから変位制御による荷重印加が一般的である．マイクロアクチュエータに用いられる，圧電，静電，熱アクチュエータが候補となり，比較的高荷重のものでは圧電素子，微小荷重においては一体化した静電アクチュエータを用いることが多い．

3.3.3 伸び・変形

基板上の薄膜材料の特性評価では，基板垂直方向の伸び，変形計測と基板面内方向の計測，また静的変位，動的変位などによって測定方法が大きく異な

る。代表的な計測方法を**表 3.2** に示している。レーザドップラー振動計や白色光干渉を用いた計測は面外方向の変位において，精度の高い方法である。一方，面内方向の変位計測においては，顕微鏡画像の画像処理による計測が有用である。画像処理による引張試験片の伸び計測方法を**図 3.3** に示している。試験片を顕微鏡視野で観察し，デジタルカメラで画像を取得する。試験開始時に二つの標点の画像を追跡対象として登録し，引張荷重を印加している間，リアルタイムで取得した試験片の画像から登録した画像と一致する画像の位置を計測（領域 A（Cx_1, Cy_1），領域 B（Cx_2, Cy_2））し，変位を高精度に計測する。画素分解能の数十分の1の分解能が可能である。画像マッチングによる変位計測は振動する構造体に対してもストロボスコピック計測によって可能である。

表 3.2 伸び・変位計測法

手　法	方向	精度	応　答
レーザドップラー	面外	$\sim 0.1\ \mu m/s@1\ kHz$	$1\ Hz \sim MHz$
レーザ変位計（三角測量）	面外	$\sim 10\ nm$	$DC \sim 10\ kHz$
白色光干渉	面外	$\sim 1\ nm$	DC
画像処理（光学顕微鏡）	面内	$\sim 10\ nm$	$DC \sim 100\ kHz$
静電容量 MEMS	面内	$\sim 1\ nm$	$DC \sim 100\ kHz$
ひずみゲージ	面外		$DC \sim 10\ kHz$

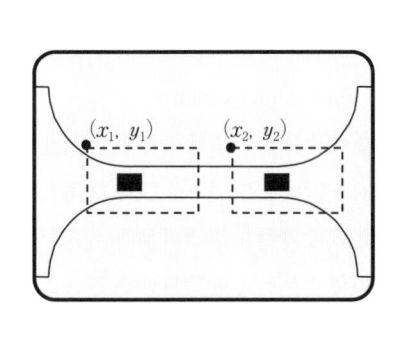

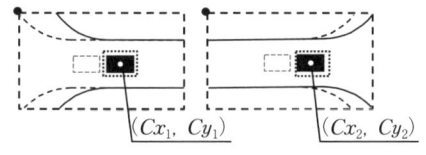

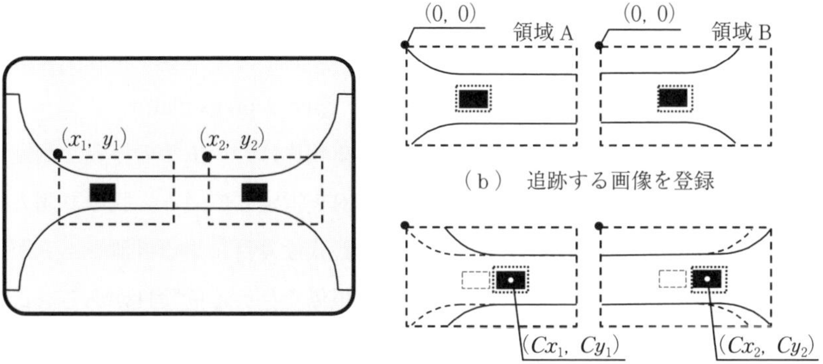

（a） 二つの標点画像を得る　　（b） 追跡する画像を登録　　（c） 画像マッチングで変位を計測

図 3.3　画像処理による伸び計測方法

これらの手法では顕微鏡やレーザなどの機器が必要で，装置として大がかりになる。

一方，ナノメートル以下の微小な変位の計測には試験片に静電容量センサやひずみゲージを一体化する手法が提案されている。高い精度を得ることができ，同時に用いて試験片と一体化する手法もあるが，これも校正が課題となる。

3.3.4 試験片作製法

微小材料，薄膜の材料特性は，物質，組成が同じであったとしても，寸法，加工プロセスによって大きく異なる可能性がある。このため，試験片は，可能なかぎり実際にその材料が用いられるセンサ，アクチュエータデバイスを作製するプロセスと同一のプロセスによって作製されなければならない。試験片の作製においては一般に，平面寸法の面内ばらつきは小さいと考えてもよいが，フォトリソグラフィーなど半導体微細加工技術で曲線加工を行う場合には，パターンの解像度に十分注意しなければならない。集積回路の作製においては矩形（けい）のパターンのみで形成されることがほとんどで，曲線のパターンを加工することを考慮していないことがある。例えばマイクロメートルオーダーの構造を作製するためのフォトマスクの作製時のパターンが 0.5 μm 程度の解像度であることも多く，曲線部にステップ状のパターンが形成され，ここが破壊の起点となることもある。

また，垂直寸法，すなわち膜厚については，成膜プロセスにも依存するが数 % から大きい場合は数十 %（貼り合わせ SOI（silicon on insulator）ウェーハ）の分布があることがあり，規格ではすべての試験片についてその厚みを測定することを指示し，その計測精度として 5% 以内を指定している。膜厚計測方法として最も汎用性があるのは光学的手法，触針式段差計による計測であるが，後者で試験部を直接計測することは試験片に損傷を与える危険性がある。このため，規格においては膜厚測定用の窓を試験片の平行部の近くに配置することを推奨している。

さらに，試験片の断面形状には十分注意しなければならない。上記のいずれ

の方法によっても，断面形状を正確に測定することは非常に難しい。最も確からしいのは試験後に試験片の断面を電子顕微鏡などで観察して寸法を正確に測定することである。

3.4 引 張 試 験

薄膜材料の単軸**引張試験**方法は IEC 62047-2 "Tensile testing method of thin film materials" に規定されている。薄膜材料から構成された板状試験片の試験方法において，特にバルク金属材料の規格（ISO 6892）において規定されていない薄膜における重要な項目を規定することに重きを置いている。

3.4.1 試 験 方 法

微小で壊れやすく，取扱いに注意を要する微小材料の引張試験においては，特に試験片の両端を装置に正しく装着することが困難である。規格本文では「試験片に曲げ，せん断応力が加わらないように正しく固定することが望ましい」とあり，試験片の両端のつかみ部に固定時に「均一に固定力が印加され」，「つかみ具が装置の引張軸に正しく位置決めされる」ことを求めている。附属書に具体的な固定方法が示されており，以下簡単に説明する。

〔1〕 **静電チャック法**　　一端が基板に固定された片持ち梁型の試験片に適用され，その自由端には比較的大きなつかみ部を形成する。基板側は真空チャックや機械チャックなどで固定し，自由端のつかみ部に対してつかみ具との間に静電力を作用させ，接触し，その表面の摩擦力で保持する方法である。導電材料であれば表面に絶縁膜を形成したつかみ具と試験片の間に，絶縁材料では固定具表面に一対の電極（櫛形）を形成して，それぞれ電圧を印加することで試験片を吸着，固定する。**図 3.4** に静電チャックの模式図を示している。

静電力はマクロスケールでは相対的に小さい力であるが，表面積に比例した力であるために，マイクロスケールでは試験片の固定するに足る力を発生することができる。実際の把持力は静電引力を抗力として発生する摩擦力であり，

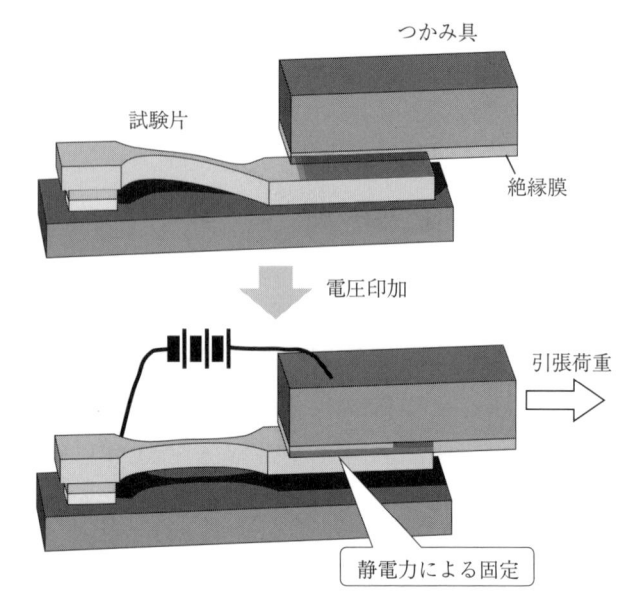

82   3. 微小材料や薄膜の材料強度評価法

図3.4 静電チャックの原理

機械的なチャックで用いているねじなどの締結力の代わりに静電力を利用している。電圧の制御で固定が制御でき，微細な薄膜材料に適した手法といえる。

〔2〕 **接 着 法**　静電力や機械的な固定の代わりに接着剤を用いる。試験材料に合わせた適切な接着剤の選択が重要である。接着時の硬化のプロセスにおいて試験片にひずみが入らないように注意する必要がある。つかみ具にガラスなどの透明材料を用い，光硬化樹脂を接着剤として用いて高精度かつ不要なひずみが加わらないチャックを行う試みもある。

〔3〕 **機械式チャック**　マイクロスケールの試験片ではねじ止めなどの方法も用いられるが，ねじの締結力は相対的に大きいので，ねじ止め時に試験片にひずみが入り，場合によっては試験片を破壊する可能性がある。特に固定時の取扱いは困難であるので，つかみ部の剛性を高くするために基板材料を付加しておく，あるいは試験片を基板材料でできた枠に固定したままの状態で装置に固定し，その後固定枠から分離することで破壊を防止しつつ，位置合せ精度を高くする方法も用いられている。このようにして作製した試験片の例を**図**

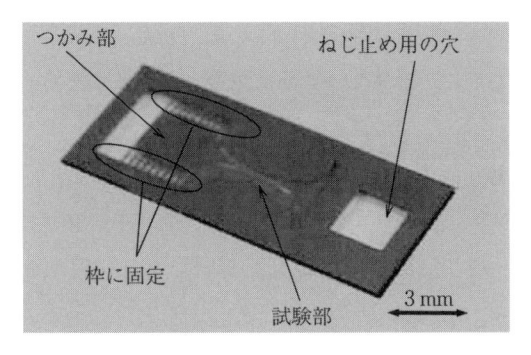

図3.5 機械式チャック用の薄膜引張試験片

3.5に示す．

〔4〕 **試験装置との一体化**　荷重印加機構を試験片材料あるいは基板材料で作製し，試験片を試験機構と一体化する方法も用いられている．加工技術の精度で試験片が装置に取り付けられるので，試験片の装着に関係する諸問題を解決することができる．

3.4.2　装　　　置

荷重測定は3.3.2項で述べたような手法が用いられるが，引張試験については試験片の剛性が高い（荷重に対する変形が小さい）ので，荷重センサの剛性に注意する必要がある．微小荷重ロードセルは荷重検出感度を高めるために剛性が低いことが多い，このため引張試験片の伸びよりも荷重センサの伸びが大きくなることもある．

荷重印加は圧電アクチュエータや自動マイクロステージなどが用いられる．制御電圧がパソコンからのD-Aコンバータ出力を用いる場合やステージがステップモータ駆動である場合は，その変位分解能に注意し，測定に影響が出ない程度になめらかに駆動できることが求められる．

伸び測定においては試験片に伸び検出用の標点を形成することが推奨されている．これは前述のように試験装置，特に荷重センサの伸びが試験片のそれに対して無視できないためである．また，試験片の試験部（平行部）と固定部の

間のテーパ部の変形も無視できない．しかし，一方で標点を形成することで引張試験に影響を及ぼすことがないように注意する必要がある．

3.4.3 試　験　片

試験片は薄膜やウェーハをリソグラフィー，エッチングプロセスで加工して形成されるため，板状試験片と類似した形状であり，**図 3.6** に示す形状が規定されている．固定端での応力集中による破壊を避け，つかみ部で十分な把持力を実現するために試験片の平行部とつかみ部の幅の比が大きくなることが多い．このため，両者をなめらかにつなぐ肩部の半径は十分大きくすることが求められていると同時に，平行部の長さは幅の 2.5 倍以上でなければならないと規定されている．これらによって肩部と平行部の接続部での応力集中を避けている．

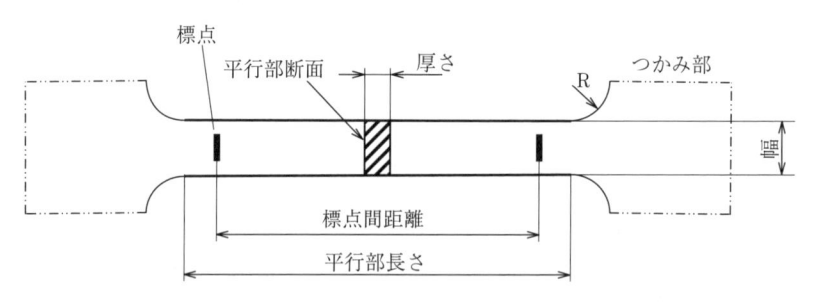

図 3.6　薄膜引張試験片の形状

平面寸法は「±1% 以内の精度」と規定されているが，これは幅 10 μm で 100 nm であり，十分に注意して加工する必要がある．加工誤差が大きい場合は個々に寸法を測定する必要がある．

伸び，ひずみをレーザ干渉や画像処理によって計測するためには試験片に標点を形成することが必要である．標点間距離は平行部長さの 80% 以内で，試験片幅の 2 倍以上とすることが規定されている．また，薄膜試験片では**標点を形成することによる影響を受けやすい．このため，標点を形成するときには，弾性率や内部応力が低く，かつ十分に薄い材料を用いることが推奨されている．

3.4.4 試験条件

塑性材料，延性材料の試験において，熱的な影響を防ぐために**ひずみ速度**の規定が行われる。ISO 6892 において金属材料の引張強度を求める試験では，塑性域におけるひずみ速度を 0.008 /s，上降伏点および下降伏点を 1 回の試験で求める場合のひずみ速度を 0.000 25 /s 〜 0.002 5 /s と規定している。これに対して薄膜試験片においては 0.01 /s 以下と，大きいひずみ速度を許容している。この理由としては，マイクロ材料としては熱応答時定数が格段に小さく，材料変形における非平衡状態の影響を排除する必要が低いこと，および試験機の変位速度の制御が困難であること，すなわち試験片が小さいので必然的に変位速度が小さく，その制御が困難であること，が挙げられる。試験片長さを 100 μm とすると伸び速度は規定によれば 1 μm/s 以下となる。

3.5 標準試験片

試験装置の測定精度を正しく知ることは材料特性を正確に測定するために重要である。しかしながら，これまで見てきたように，測定の対象となる荷重や変位，形状寸法が微小であるために，測定器の校正も同時に困難となる。

微小変位，微小荷重のための変位センサやロードセルをさらに微小な荷重と変位を測定対象として測定する場合には，測定器の秤量近くで校正し，その値の直線性を仮定して計測することも多い。しかしながら，バックラッシュやヒステリシスなどによる非直線性が微小量の計測では無視できなくなることも懸念される。このため，装置の測定精度，健全性を正しく評価するための一手法として，標準試験片を利用すべきである。薄膜材料の引張試験に対しては IEC 62047-3 "Thin film standard test piece for tensile testing" が制定されている。この国際標準規格では，主として単結晶シリコンで作製された引張試験用の**標準試験片**について寸法，形状，厚さなどが規定されている。

単結晶シリコンは半導体デバイス，MEMS の基板として用いられ，結晶方位に依存した弾性定数が計測されている。微小材料の試験で報告されている弾

性特性はこれらの値に一致しており，寸法，結晶方位を正確に標準試験片を製作し，これを計測することで信頼性の高い基準値を供給することができる．この試験片を各種試験装置で計測することで，試験装置の測定精度の向上に寄与することができる．

3.6 疲労試験

ナノ/サブミクロンデバイスの信頼性評価のためには引張試験による強度評価だけでなく，疲労特性の評価も重要である．シリコンなどの半導体材料の構造体についても繰り返し荷重印加による強度低下が報告されており，評価法，すなわち試験方法の開発が必要である．IEC 62047-6 "Axial fatigue testing methods of thin film materials"では軸荷重の引張-引張モードの疲労試験方法について定めている．薄膜引張試験方法（IEC 62047-2）の試験片，試験方法を援用して，疲労試験に対して望ましい試験手法を提示している．

試験片の規定においては特に試験片の保管に注意することを規定しており，引張試験片との大きな違いである．一方，試験方法および装置について，規格では一定力振幅試験と一定変位振幅試験を定義しており，それぞれ，試験片に加わる力あるいは変位をモニタし，ここから振幅範囲を一定に制御する機構を有することを求めている．また，破断を検出する機構，また破断における力あるいは変位，それまでの繰返し数を記録する．

疲労試験前に静的引張強さ試験を実施することを推奨している．疲労試験の負荷においては力，または変位の5%の精度を保証することが求められている．繰返し速度（周波数）は試験片に温度上昇が起きないように設定することが求められている．試験時における試験環境の制御も重要な項目であり，温度を±1℃および湿度を±5%以内に制御することが求められているが，少なくともこれらを監視して記録する必要がある．

本試験方法は，薄膜引張試験の応用である．しかしながら，微小な試験片に対して高精度に力，あるいは変位振幅を一定に保ち，試験環境を一定に保ちな

がら試験を行うことは困難である。

3.7 共振振動を用いたデバイス構造の疲労試験

ナノ/サブミクロンデバイスはサイズ効果によって，構造の共振周波数が比較的高い。これは質量が代表寸法の3乗に比例するのに対して，剛性が引張りであれば寸法の2乗，曲げであれば1乗に比例する関係にあるため，寸法を小さくすると共振周波数が高くなる傾向にある。マイクロスケールのデバイスの多くが数 kHz から 100 kHz 程度の共振周波数をもつ。共振周波数で駆動されるセンサも振動型ジャイロなど多数あり，これらのデバイスが常時駆動されると1年で 3×10^{10} ～ 3×10^{12} 回の繰返し荷重を受けることになる。このような超高サイクルの疲労特性の測定は通常の寸法でも難しく，とりわけ，3.4節で示したような引張試験装置は微小な力，変位を制御するために繰返し周波数は数十〜数百 Hz が限界であり，10^{10} 回を超えるような試験は難しい。

このため，MEMS デバイスそのものの共振振動を用いて，その構造部材の疲労試験を行う方法が広く行われている。共振振動を用いることの利点は以下が挙げられる。

・高い繰返し周波数を実現できる。
・高い Q 値によって高荷重を印加できる。
・装置がコンパクトになり，並列，多数の試験も容易である。

IEC 62047-12 "Bending fatigue testing method of thin film materials using resonant vibration of MEMS structures" ではこのようなマイクロ構造を利用した薄膜材料の曲げ共振疲労試験について規定している。

3.7.1 試　験　機

この評価法においては**試験機**と試験片が一体化されていることが多い。**図3.7**に試験機のブロック図を示す。試験片は共振子であり，一般におもりを曲げ梁で支持する構造となっている。これは MEMS の構造体として標準的な構

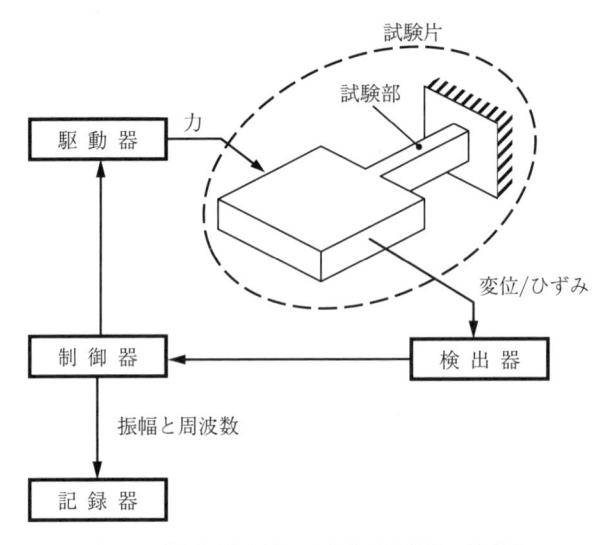

図 3.7 共振振動を用いた疲労試験装置の構成図

造であり，デバイス構造そのものを試験片として用いることも可能である．試験片の振動はおもりの変位，あるいは梁部のひずみを検出器で得る．これを制御器に含まれる発振回路で駆動信号に変換，駆動器で試験片を共振駆動する．このループによって，一定振幅の共振振動を維持する．制御器は一般に変位，あるいはひずみの振幅を検出する機能を有し，破壊の検出，および振幅の変動を確認するために記録器で監視，記録する．

表 3.3 に試験機の構成例を示す．駆動方法，検出方法の種類によって機構の試験片への一体化が行われることがある[3),4),6)]．制御方法には試験片に加わるひずみを一定に保持する一定ひずみ制御（変位制御を含む）と試験片に加わる応力を一定に保持する一定応力制御が規定されている．弾性材料には一定ひずみ制御が適用でき，簡便である．一方，一定応力制御では後述する閉ループ制御が不可欠である．

駆動器，検出器には表 3.3 で示したようなさまざまな原理の駆動方法，検出方法を用いることが可能である．また，試験片にアクチュエータ，センサを一体化し，制御回路，検出回路を接続してこれらを構成する場合もある．検出器

表 3.3 共振疲労試験法

変形モード	駆動器		検出器		文献
	原理	一体化	原理	一体化	
面外曲げ	逆圧電効果	×	ひずみ抵抗効果	○	3)
面内曲げ	静電力	○	静電容量	○	4)
面外曲げ	電磁力	×	レーザ変位計	×	5)
引張（非共振）	熱膨張	○	画像処理	×	6)

は常時変位や応力，ひずみを監視することが望ましいが，試験片が弾性材料で共振特性が安定な場合には一定時間間隔で振幅を監視する手法も認められている。

制御器においては，検出器から得た変位，ひずみの信号を受け，振幅や周波数を記録器に出力し，また設定された振幅値，周波数に応じて，一定振幅での共振振動維持に必要な駆動信号を駆動器に送出する。このとき，試験片の特性に応じてつぎの二つの方法がとられる。

(1) **閉ループ法** 検出器からの動作信号を振幅の入力として，これを一定に維持するように駆動器に出力する信号の振幅，周波数を制御する。共振維持のためには自励振回路や位相同期回路などが用いられ，振幅を一定にするために自動利得制御回路が挿入されることが多い。

(2) **開ループ法** 検出器からの動作信号が微弱であり，また塑性，延性変形がほとんどなく，共振周波数などの応答にほとんど変化がない試験片に対しては，設定された周波数，駆動信号振幅の正弦波を駆動信号として出力することも認められている。この場合，振幅に大きな変動がないことを常時監視することや試験を一定時間間隔で中断して，共振特性を測定し，大きな変化がないことを確認する必要がある。

3.7.2 試　験　片

すでに記述したように，**試験片**は試験機の一部とみなす機能を有する場合があるが，一般に共振可能な振動子であり，共振周波数は 1 kHz 以上で，振動 Q 値が 100 以上であることが望ましいとされる。これらは，MEMS 構造の特徴

を生かして短時間でかつ小さな加振力で効率よく試験を行うために必要である。一方でこれは，MEMS構造で発生可能な力では試験片に破断や疲労破壊に必要な荷重を印加することが困難であることも同時に意味している。すなわち，Q値を十分に高くしないと破断させることができない。

また，大振幅の振動を行うため，非線形振動には十分注意する必要がある。薄膜構造で形成された振動子はしばしば構造に起因する非線形振動を示すことがある。非線形振動自体が試験に問題を及ぼすことはないが，他の振動モードとカップリングして異常な振動を起こし，十分な振幅を得ることができない場合もあるので注意する必要がある。共振振動によっても必要な振幅が得られない場合においては，試験部に応力集中を引き起こすような構造（切欠き）などを導入することも考えるべきである。

3.7.3 試 験 条 件

試験時の振幅はある**基準強度**を設定し，これに対する相対値で設定される。規格の中ではつぎの3種類の試験時の振幅設定方法が提示されている。

(1) 基準強度を疲労試験時の振幅とする方法
(2) ある高い振幅値から試験を行い，振幅をある決められた量ずつ小さくしていく方法
(3) ある比較的低い振幅値から試験を行い，振幅をある決められた量ずつ大きくしていく方法

後の二つの方法における振幅の増減量は基準強度の測定値の標準偏差を用いることが望ましいとされている。

また，共振振動試験であるため，負荷比は−1であり，波形は正弦波とみなすことができる。試験環境は温度，湿度が一定の条件で行われることが望ましい。

3.7.4 初 期 測 定

前述の基準強度を設定するための初期測定の実施が強く求められている。共振疲労試験と同じ負荷方法による準静的試験が望ましいが，共振を用いる疲労

試験と準静的試験で同じモードの破壊試験をすることが困難である場合もあるので，つぎの3種類の方法が提示されている．
　(1)　準静的試験における破断強度を基準強度とする．
　(2)　疲労試験と同じ手法を用い，振幅を急速に増加させて試験片を破断する．破断したときの振幅を基準強度とする．
　(3)　応力解析に基づいて設定する．
　また，周波数応答特性の測定も求められる．特に開ループ試験では試験周波数を決定するために必要である．本試験において影響を与えない程度の振幅で測定することが望ましいが，影響が無視できない場合は，この特性測定における負荷履歴の影響を考慮するべきである．

3.7.5 疲労試験

疲労試験は上記の手順によって定められた振幅，周波数，回数（または時間）で，共振振動による応力印加を行う．試験片が破壊するか，定められた時間（回数）に達した時点で終了とする．共振振動は設定された周波数に振幅を即時に設定することが困難である．このため，加振を始めてから必要な振幅に達するまでに遅れが生じる．この間の負荷履歴も考慮に入れる必要がある．

　試験中は変位，ひずみを常時監視する必要がある．振幅はもとより共振周波数も監視することが望ましい．可能であればデジタルオシロスコープのように破断の瞬間の波形を記録することが求められる．繰返し回数の計数も重要であるが，高い周波数の共振振動であるので周波数を監視し，これに経過時間を乗じて換算してもよい．

3.8　お　わ　り　に

　微小材料や薄膜の材料強度評価においては，応用デバイスで用いられる加工方法・寸法が同じ試験片での評価が不可欠である．幅広い加工方法，寸法範囲に適応した汎用的な評価手法が求められると同時に，測定結果の再現性を保証

するための標準試験片の供給が必要である。

　測定精度向上のためには，寸法計測の精度向上が不可欠であり（4章参照），この課題は寸法が小さくなるにつれ重大な問題となる。マイクロスケールでは従来型の計測機器の精度向上で試験が実現されてきているが，ナノスケールの材料試験においては従来の手法とまったく異なる新たな計測機器の開発が求められる。

引用・参考文献

1) O. Kraft, P.A. Gruber, R. Mönig and D. Weygand : Plasticity in Confined Dimensions, Annu. Rev. Mater. Res., **40**, pp.293-317 (2010)
2) T. Tsuchiya, M.Hirata, N. Chiba, R. Udo, Y. Yoshitomi, T. Ando, K. Sato, K. Takashima, Y. Higo, Y. Saotome, H. Ogawa and K. Ozaki : Cross Comparison of Thin-Film Tensile-Testing Methods Examined Using Single-Crystal Silicon, Polysilicon, Nickel and Titanium Films, Jounal of Microelectromechanical Systems, **14**, 5, pp.1178-1186 (2005)
3) T. Tsuchiya, A. Inoue, J. Sakata, M. Hashimoto, A. Yokoyama and M. Sugimoto : Fatigue test of single crystal resonator, 16th Sensor Symposium, Kawasaki, Japan, pp.277-280 (1998)
4) C. Muhlstein, S. Brown and R. Ritche : High-cycle fatigue of single-crystal silicon thin films, Journal of Microelectromechanical Systems, **10**, 4, pp.593-600 (2001)
5) K. Kwak, M. Otsu and K. Takashima : Resonant bending fatigue tests on thin films, Sensors and Materials, **22**, 1, pp.51-59 (2010)
6) H. Kapels, R. Aigner and J. Binder : Fracture strength and fatigue of polysilicon determined by a novel thermal actuator, IEEE Transactions on Electron Devices, **47**, 7, pp.1522-1528 (2000)

4 3次元マイクロ構造体の形状計測法および信頼性評価

4.1 はじめに

　本章は，マイクロ電子デバイスやMEMSに特有の，2次元または3次元マイクロスケール構造に対する幾何形状計測法とその信頼性について解説する。これまで，光学顕微鏡や電子顕微鏡をはじめとする各種計測機器を用いて，電子デバイス内の配線パターンのステップ高さや面内パターンピッチなどが簡易に計測されてきた。しかしながら，顕微鏡や機器内に設置されているステージ機構が計測精度に及ぼす影響が把握されていないなどの理由により，計測結果の妥当性は十分に保証されてこなかった。また，近年急速に発達してきたMEMSは，その幾何学形状がマイクロ電子デバイスのそれとは異なり，長時間のウエットエッチングや**深堀反応性イオンエッチング**（deep-reactive ion etching, **Deep-RIE**）技術によって立体的な3次元構造体が形成されている。このため，MEMSのような高いアスペクト比を有する3次元マイクロ構造体に適した幾何形状計測法は，微小寸法であるがゆえに十分に確立されていない。また，計測によって得られる形状データの表示についても，MEMSを設計・製作する上で必要不可欠であるが，統一的な表示法は確立されていない。今後，3次元マイクロ構造体に対する計測法および表示法に関する規格・標準化が進むことにより，MEMS製作段階でのユーザと設計者，あるいは作業者との間での意思疎通が図りやすくなり，効率的なMEMS開発が期待される。

　以降，3次元マイクロ構造体の形状寸法計測に焦点を当てながら，形状特性

94   4. 3次元マイクロ構造体の形状計測法および信頼性評価

評価に関わる国内外の既存の標準規格，形状寸法計測の具体例，および計測データの信頼性評価について述べる。

4.2 形状特性評価に関する標準規格

4.2.1 形状特性評価のためのJIS規格

ISO（International Organization for Standardization，**国際標準化機構**）規格では，曖昧さを排除した形状寸法の指示のため，幾何公差・表面性状を規格体系化し「製品の**幾何特性仕様**（geometrical product specification，**GPS**）」を取り決めている。このGPSの中で，マイクロ電子デバイスおよびMEMSに関連する項目として，「距離」，「角度」，「粗さ曲線」，「うねり曲線」，「断面曲線」および「エッジ」が挙げられる。これらには，それぞれ6種類のリンク番号が付与されており，例えば，3次元マイクロ構造体の形状特性評価については，GPS中の「断面曲線」に関するリンク番号1「製品の文書指示」，リンク番号2「公差の定義」，リンク番号5「測定装置」が関係項目に該当する。「断面曲線」，「粗さ曲線」および「うねり曲線」において，公差を定義している規格が，「JIS B 0601 製品の幾何特性仕様（GPS）—表面性状：輪郭曲線方式— 用語，定義及び表面性状パラメータ」[1]である。これは，ISO 4287：1997のIDT（identical，国際規格を全体として国家規格に採用）となっている。また，輪郭曲線測定の代表的な方法である触針式形状測定機において，その「測定装置」を定めた規格として「JIS B0651 製品の幾何特性仕様（GPS）—表面性状：輪郭曲線方式— 触針式表面粗さ測定機の特性」[2]がある。これら規格の中では，つぎのように用語が使い分けられている。

(1) 「輪郭曲線（profile）」プロファイルの総称

(2) 「実表面の断面曲線（surface profile）」実表面を切断したときの切り口に現れる曲線

(3) 「測定曲線（traced profile）」触針が測定面上を運動したときの軌跡

(4) 「測定断面曲線（total profile）」基準線を基にして得られたディジタル

4.2 形状特性評価に関する標準規格

形式の測定曲線

(5)「断面曲線（primary profile）」測定断面曲線にカットオフ値 λ_s の低域フィルタを適用した曲線

(6)「粗さ曲線（roughness profile）」断面曲線から長波長成分を遮断した輪郭曲線

(7)「うねり曲線（waviness profile）」断面曲線から短波長成分（および長波長成分）を遮断した輪郭曲線

3次元マイクロ構造体に対する形状特性の表示法については，(3)「測定曲線」および(4)「測定断面曲線」を利用することができる．ただし，利用にあたっては，(3)，(4)に記載されている定義との整合性を十分に確保する必要がある．すなわち，これら既存の規格が主に表面粗さを対象に制定されているため，高アスペクト比を有する3次元構造体を想定していないことを十分に注意しなければならない．

一方，3次元マイクロ構造体の形状寸法計測に関連する項目としては，上記のJIS B 0651の他に，触針式形状測定機による形状計測を扱ったものがある．具体的には，「JIS B 0670 製品の幾何特性仕様（GPS）—表面性状：輪郭曲線方式— 触針式表面粗さ測定機の校正」[3]である．JIS B 0651，JIS B 0670のいずれも，測定結果として「粗さ曲線」および「うねり曲線」を導出しようという目的に基づいた標準規格であり，半導体業界で一般的に使われる「段差」計測に関するものではない．断面曲線パラメータを定義したJIS B 0601にも段差の定義はない．

触針式形状測定機による「段差」の計測を扱った標準としては，「JIS R 1636 ファインセラミックス薄膜の膜厚試験方法 —触針式表面粗さ計による測定方法」[4]がある．この規格に対応するISO標準はない．JIS R 1636では，薄膜の段差上面で触針を走査する方法と，測定曲線から段差を求める方法を規定している．計測方法としては，触針の形状，測定長さ，針圧，走査方向を規定し，膜厚の計算方法も示されている．膜厚の範囲は 10 nm〜10 μm となっている．3次元マイクロ構造体への適用を考えると，有限幅を有する構造が規格に入っ

ていないこと，触針走査時の被計測物のレベリングの記述がないことなどが問題点として挙げられる。また，JIS B 0670 には距離の校正については記述されているが，「距離」「ピッチ」の計測方法の記述はない。

4.2.2 形状特性評価のための国際標準規格

電子デバイスおよび MEMS に関わる既存の国際標準規格として，ASTM 規格と SEMI 規格について述べる。**ASTM 規格**は，**ASTM International**（**米国試験材料協会**，旧称 American Society for Testing and Materials）が策定・発行する任意規格であり，世界 75 箇国で法規制などの基準とされるなど，国際的に広く採用されている。ASTM 規格では，電子デバイスの形状特性評価のための規格として「ASTM E2244-05 Standard Test Method for In-Plane Length Measurements of Thin, Reflecting Films Using an Optical Interferometer」が発行されている。これは，薄膜パターンの面内測長法に関するものである。本規格はタイトルにもあるように，光干渉計を用いた計測法であるため，光学反射特性をもつ薄膜に限られた規格となる。具体的には，パターン化された薄膜の面内長さ（その「ゆがみ量」を含む）を計測するもので，光干渉計で計測可能な薄膜にのみ適用できるとしている。光干渉を利用するのは非接触で，かつデバイス設計に必要な長さの精度が他の方法（例えば，光学顕微鏡など）より優れているためである。また，3 次元形状計測ができる点も考慮されている。光干渉計の計測限界はその倍率で決まる。

計測は薄膜の段差部分を光干渉計で計測した後，そのプロファイルを抽出し，段差間の長さを評価するものである。例えば，**図 4.1**（a）に示すように基板上の薄膜パターンに対して計測を行い，a のラインに沿ったプロファイルを図（b）に示すように抽出し，長さ L の評価を行う。この長さ計測は，試料基準底面に対して凸形状パターンだけでなく，凹形状パターンに対しても有効である。得られた長さ計測値は，残留応力およびヤング率の導出に利用することもできる。計測装置としては，表面凹凸が計測でき，2 次元断面プロファイルが抽出できる非接触の光学干渉計を用いる。ASTM E2244-05 には，計測の

4.2 形状特性評価に関する標準規格　　97

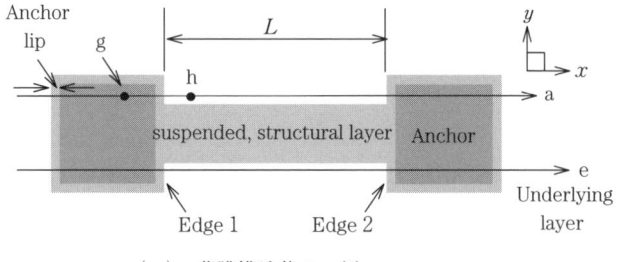

（a）薄膜構造体の一例

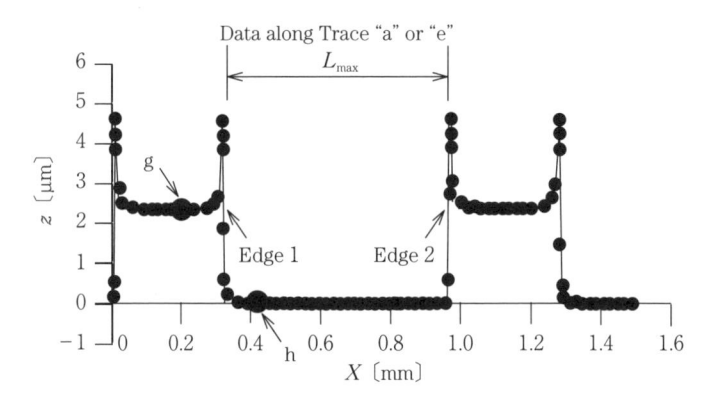

（b）光干渉計測の断面プロファイル

図 4.1　薄膜試料と計測データ例

ための画素と倍率は**表 4.1**であることが記載されている。また，高さ方向の分解能は 1 nm 以下であり，形状計測のためには 5 μm 以上の段差が計測できる装置でなければならないとしている。さらに，形状計測には長さの校正が重要であるため，校正基準を利用した校正手順についての記述がある。

表 4.1　計測に使用する光干渉計の倍率と画素サイズの関係

Magnification, X	Pixel-to-pixel spacing 〔μm〕
5	< 1.57
10	< 0.83
20	< 0.39
40	< 0.21
80	< 0.11

一方，**SEMI 規格**は，世界中の半導体製造，フラットパネルディスプレイ製造，太陽光発電分野などの業界団体である **SEMI**（semiconductor equipment and materials international）が定めた半導体製造装置の任意規格であり，米国を中心に多くの装置ユーザが採用している。SEMI の中で電子デバイスの形状計測に関わる規格としては，「SEMI MS2-1109-Test Method for Step Height Measurements of Thin Films」がある。これは，薄膜の段差測定に関するものであり，2009 年に大きな改訂が行われている。本規格は，主として光学干渉計を用いて薄膜の厚さを計測するためのものであり，計測法は上記の ASTM 2244-05 と同じである。このため，規格の骨子も ASTM 2244-05 とほぼ同等である。ただし，ASTM 2244-05 が平面形状計測を目的としているのに対して，SEMI MS2-1109 は薄膜厚さを測定対象としている。両規格ともに，薄膜の形状寸法計測を主体としているため，校正法の詳細と得られるデータの信頼性評価にも言及している。

以上のように，JIS 規格，ASTM 規格および SEMI 規格は，マイクロ電子デバイスで頻繁に利用される薄膜配線パターンの面内での「長さ寸法（距離）」，「厚さ」，「パターンピッチ」の計測法と表示法の規定が主体であり，MEMS 特有の 3 次元マイクロ構造体に対する幾何形状計測法と信頼性評価に直接適用できる規格ではない。このため，3 次元マイクロ構造体に有効な幾何形状特性評価に関する新たな国際標準規格が必要である。2014 年 1 月現在，電気工学，電子工学，および関連した技術を扱う国際的な標準化団体である IEC（国際電気標準会議）において，3 次元マイクロ構造体の幾何形状計測法とその表示法に関する国際標準規格案が IEC/TC（Technical Committee）47 にて審議されており，早急な規格化が図られつつある。

4.3　3 次元マイクロ構造体の幾何形状計測

前節でも述べたように，MEMS で使用される典型的な 3 次元マイクロ構造体の幾何形状は，マイクロパターンをマスクにしながら長時間ウエットエッチ

ング加工や Deep-RIE 加工によって形成される．すなわち，構造体はマイクロパターンをその深さ方向に拡張した形となり，結果として3次元化される．この3次元マイクロ構造体は，上記加工時にその断面プロファイルが順テーパ形や逆テーパ形を形成し，かつ高いアスペクト比を有している．このため，3次元マイクロ構造体の形状特性評価には，前述した既存の標準規格を直接利用することは難しい．

本節では，広く利用されている既存の形状寸法計測装置を用いて，3次元マイクロ構造体に対する幾何形状計測の実施例をいくつか紹介する．ここでは，測定原理と基本的な測定手順，ならびに測定結果の一例を示す．用いた測定装置は，測長機能を有する電界放出型高分解能電子顕微鏡，白色干渉計，共焦点走査型レーザ顕微鏡，触針式形状測定機，および原子間力顕微鏡である．一方，計測試料は，単結晶シリコン（Si）材料を Deep-RIE 加工によって成形したマイクロトレンチ構造体と，同材料の結晶異方性ウエットエッチング加工によって成形したマイクロニードル構造体を用いた．

4.3.1　計　測　試　料

マイクロトレンチ構造体試料では，その断面プロファイルを計測対象箇所とした．図 4.2 に示すように，トレンチ構造体の断面とは，基板上面から観てトレンチ長手方向に対して誤差±1°以内で直交する断面と定義した．また，構造体のトレンチ深さが 2 μm から 100 μm，ウォール幅およびトレンチ幅が共

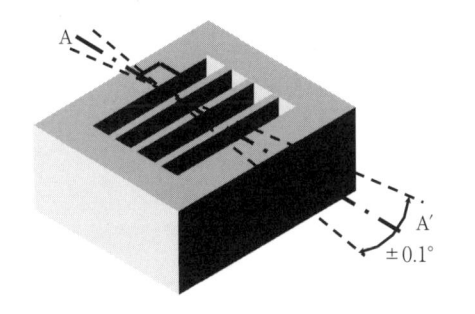

図 4.2　断　面　の　定　義

に5μmから150μmの範囲内にあり,かつ断面プロファイルが概ね矩形形状であるものを測定の対象とした.

図4.3にトレンチ構造体の典型的な断面プロファイルを図示するとともに,**表4.2**に断面プロファイルを表記するために用いる記号,名称,および単位を示す.ここで,断面プロファイルを表記する際の基準線は,トレンチ構造体上面を直線近似した線を基準水平線とし,同水平線に直交する線を基準垂直線と定義した.また,トレンチ側壁を直線近似した線を側壁近似直線とし,トレンチ底部を直線近似もしくは曲線近似した線を底面近似線と定義した.トレンチ側壁角度は,上記の基準水平線と側壁近似直線との間の角度とし,ウォール

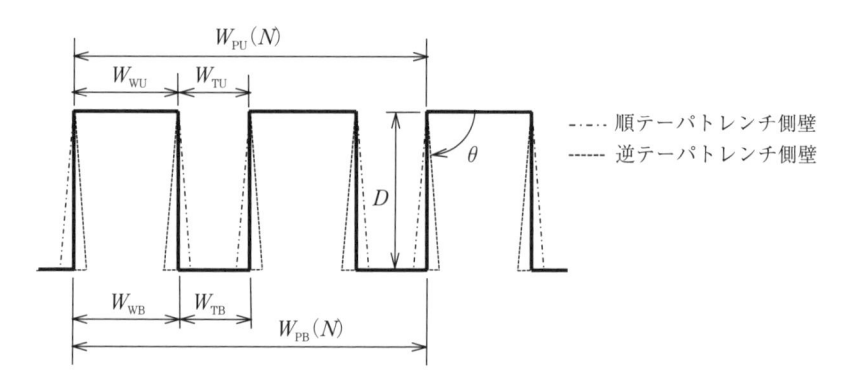

図4.3 トレンチ構造体の断面プロファイル

表4.2 断面プロファイル表示のための記号,単位,名称

記号	単位	名称
W_{WU}	μm	上面部ウォール幅
W_{TU}	μm	上面部トレンチ幅
W_{WB}	μm	底部ウォール幅
W_{TB}	μm	底部トレンチ幅
$W_{PU}(N)$	μm	上面部(N)ピッチ距離
$W_{PB}(N)$	μm	底部(N)ピッチ距離
N	—	ピッチ数
D	μm	トレンチ中央部でのトレンチ深さ
θ	deg	側壁角

上面に位置する基準水平線上から時計回りに，最短距離でトレンチ側壁に向かって計測した値とした．トレンチ底部でのウォール幅およびトレンチ幅は，基板上面のように境界を定義することが困難なため，側壁近似曲線と底面近似線の交点を境界としている．トレンチ深さはトレンチ部中央位置の基準水平線からトレンチ底面までの直線距離とした．

一方，**図4.4**にマイクロニードル構造体の外観図を示す．本節で用いるニードル構造体は，三面，あるいは四面で形成された針状の先端を含み，かつ平面基板上の垂直面に対して面対称をなす突起構造体とした．ここで，図中の斜線面が対称面である．また，平面基板面とニードル構造体の底面とは一致している．ニードル構造体は高さ，水平方向幅，および垂直方向幅がいずれも 2 μm 以上で，かつ一辺 100 μm の立方体内に収まる寸法範囲内にあるものを測定の対象としている．

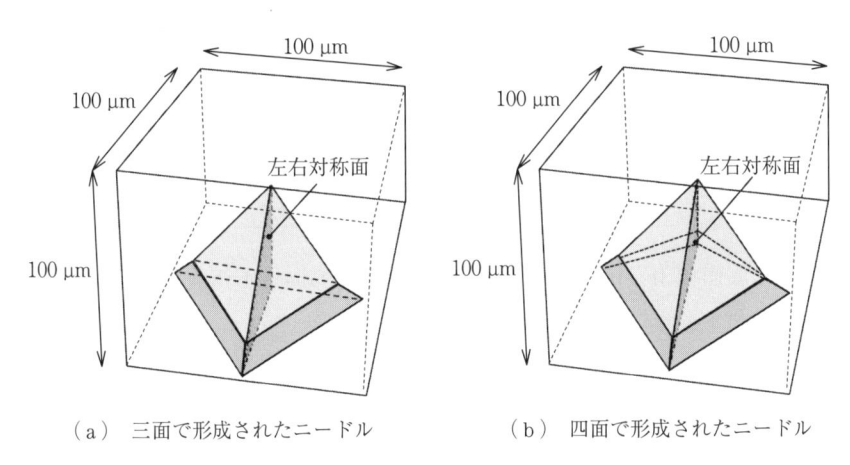

（a）三面で形成されたニードル　　（b）四面で形成されたニードル

図4.4　マイクロニードル構造体の模式図

図4.5に典型的なニードル構造体の三面図を示す．また，**表4.3**に同構造体の幾何学的寸法を表記するために用いる記号，名称，単位を示す．ここで，同構造体の正面位置は，構造体底面を水平面と一致させた状態で，対称面を中心に構造体を左右対称に観ることができる位置と定義している．計測および表示対象としたニードル構造体の幾何学的寸法は，ニードル高さ H，ニードル

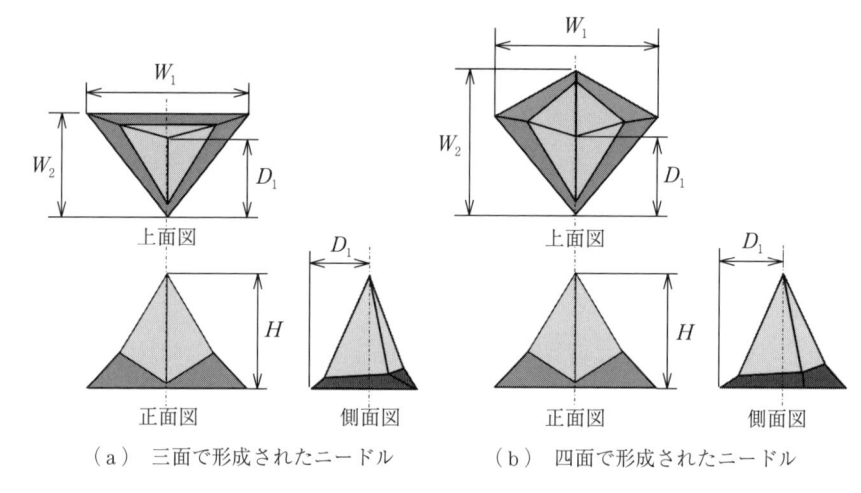

(a) 三面で形成されたニードル　　(b) 四面で形成されたニードル

図 4.5 ニードル構造体の三面図

表 4.3 ニードル構造体表示のための記号，単位，名称

記号	単位	名称
W_1	μm	ニードル水平幅
W_2	μm	ニードル垂直幅
D_1	μm	ニードル前端部-先端間距離
H	μm	ニードル高さ

構造体の底面幅 W_1, W_2，およびニードル頂点からニードル前方までの距離 D_1 である（図 4.5 参照）。

4.3.2　電界放射型走査電子顕微鏡による計測例

電界放射型走査電子顕微鏡（<u>f</u>ield <u>e</u>mission type-<u>s</u>canning <u>e</u>lectron <u>m</u>icroscopy，**FE-SEM**）は試料に電子線を照射し，そのとき試料から出てくる二次電子または反射電子の信号を主として検出して，モニタ上に試料表面の拡大像を表示する装置である。**図 4.6** に，一般的な電界放射型走査電子顕微鏡の概略図を示す。電子線源には Si チップやタングステンチップを用いて，同チップに電界をかけることで電子を発生させる。一般的な FE-SEM は，細く絞られた入

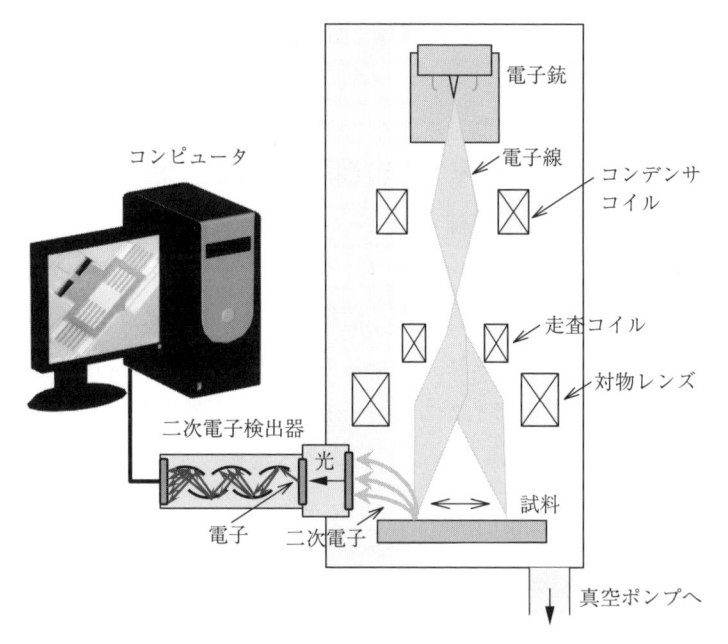

4.3 3次元マイクロ構造体の幾何形状計測　　103

図 4.6　走査電子顕微鏡の概略図

射電子ビームを試料表面上で走査するために対物レンズの上に走査コイルを設置し，同コイルから発生する磁場で電子ビームの向きを変える機構となっている。ビーム走査時に試料表面から発生した二次電子は検出器によって検出され，二次電子の発生量を輝度の信号に変換すると電子顕微鏡像が得られる。この FE-SEM を用いてマイクロトレンチ構造体の形状寸法を測定するには，以下の手順で実施する必要がある。

① 電子線の入射方向と試料断面の法線とが一致するように，顕微鏡試料室内に試料を設置する。なお，試料の水平度は装置の保証範囲内で確保する。
② 測対象であるトレンチ全体が電子顕微鏡像内に収まるように，適した測定倍率を設定する。
③ 機器サプライヤが提供する装置の取扱い手順に従い，focus および contrast などを調整する。
④ 機器サプライヤが提供する測長機能を用いて，計測対象の寸法形状を測

4. 3次元マイクロ構造体の形状計測法および信頼性評価

定する.ここで,機器,測長機能に関する校正方法は,機器サプライヤの指示に従う.

⑤ 計測回数は一つの計測対象箇所に対して,推奨繰返し測定回数計測し,計測結果の平均値を計測値として採用する.なお,計測の再現性については計測値の不確かさを評価する.

本手順に従い,(株)日立ハイテクノロジーズ製電界放射型走査電子顕微鏡 S-4800 を用いて,4.3.1項で記した寸法範囲のトレンチ構造体の幾何学形状寸法を計測した.測定倍率は,トレンチ側壁粗さの計測も含めて,400〜40 000 倍の範囲である.図 4.7 に Deep-RIE 加工により公称深さ(加工目標深さ)10 µm で作製された Si 製トレンチ構造体試料の FE-SEM 像の一例を示す.図(a)〜(d)において,公称ウォール幅 5 µm-トレンチ幅 5 µm の試料

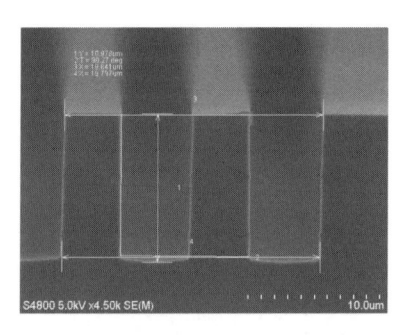

(a) ウォール幅 5 µm-トレンチ幅 5 µm

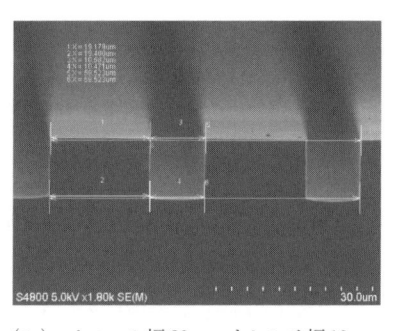

(b) ウォール幅 20 µm-トレンチ幅 10 µm

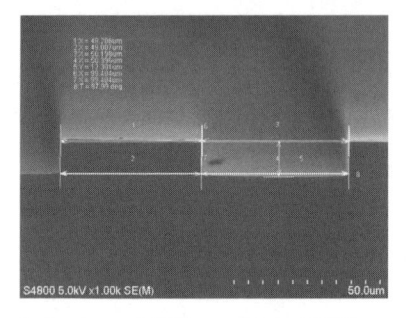

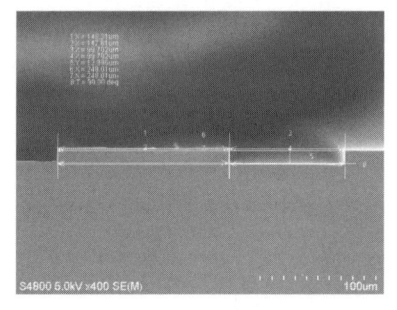

(c) ウォール幅 50 µm-トレンチ幅 50 µm

(d) ウォール幅 150 µm-トレンチ幅 100 µm

図 4.7 公称深さ 10 µm のトレンチ構造体試料の FE-SEM 写真

は垂直に近い側壁角が認められるが，公称ウォール幅50μm-トレンチ幅50μmのそれは若干逆テーパの側壁が認められた．これは，エッチングガスに含まれるイオン偏向が原因といわれている．すなわち，開口率の大きいパターンでは，イオン化したエッチングガス分子が側壁に吸着しやすくなり，結果として逆テーパ形状を形成する．

表4.4に，試料の公称ウォール幅5μm-トレンチ幅5μm，公称深さ10μmのトレンチ構造体の形状寸法測定データを例示する．ここで，トレンチ構造体の断面に対して垂直方向から観察と寸法計測を実施した．すべての計測対象項目において，測定間のデータのばらつきは±0.1μm以下程度であり，FE-SEMは計測の繰返し再現性は高い．

表4.4 FE-SEMによるトレンチ構造体の計測例

試料：公称ウォール幅5μm-トレンチ幅5μm，公称深さ10μm 〔μm〕

計測回数	D	θ	2-pitch (top)	W_{WU}	W_{TU}	2-pitch (bottom)	W_{WB}	W_{TB}
1	10.75	90.89	19.72	4.92	4.88	19.84	5.12	4.81
2	10.75	90.03	19.76	5	4.84	19.72	5.04	4.81
3	10.75	89.77	19.76	4.96	4.92	19.8	5.08	4.8
4	10.75	90.02	19.76	5	4.92	19.76	5.04	4.88
5	10.75	89.52	19.68	4.96	4.92	19.8	5.04	4.84
6	10.75	89.77	19.8	4.92	4.88	19.8	5.08	4.8
7	10.75	89.78	19.68	5	4.88	19.76	5.04	4.84
8	10.75	89.54	19.8	4.92	4.88	19.76	5.08	4.8
9	10.75	89.78	19.76	4.96	4.92	19.76	5.04	4.88
10	10.75	90.03	19.76	5	4.88	19.76	5.04	4.84
平均	10.75	89.91	19.75	4.96	4.89	19.78	5.06	4.83

一方，FE-SEMを用いてマイクロニードル構造体の形状寸法を測定するには，以下の手順で実施する必要がある．

① 電子線の入射方向とニードル構造体底面の法線とが一致するように顕微鏡試料室内に試料を設置する．なお，試料の水平度は装置の保証範囲内で確保すること．

② 計測対象であるニードル構造体試料全体が電子顕微鏡像内に収まるよう測定倍率を設定する．
③ 機器サプライヤが提供する装置の取扱い手順に従い，focus および contrast を調整する．
④ 機器サプライヤが提供する測長機能を用いて，計測対象である W_1, W_2, D_1 寸法をニードル上面から測定する．ここで，機器，測長機能に関する校正方法は，機器サプライヤの指示に従う．
⑤ 図 4.8 に示すように，試料ステージをニードル構造体の対称面内で 30° 傾斜させ，機器サプライヤが提供する測長機能を用いて図中の D_2 を測定する．

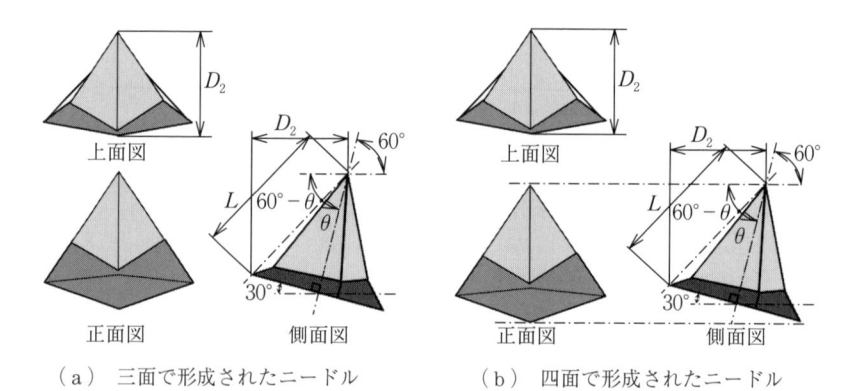

（a） 三面で形成されたニードル　　　（b） 四面で形成されたニードル

図 4.8　30°傾斜させたニードル構造体の三面図

⑥ 幾何学的条件により，以下の手順でニードル高さ H を算出する．

$$\tan\theta = \frac{D_1}{H} \tag{4.1}$$

また

$$\cos(60° - \theta) = \frac{D_2}{L} \tag{4.2}$$

$$\cos\theta = \frac{H}{L} \tag{4.3}$$

4.3 3次元マイクロ構造体の幾何形状計測

式 (4.2), 式 (4.3) より

$$\frac{\cos(60°-\theta)}{\cos\theta} = \frac{D_2}{H} \tag{4.4}$$

よって

$$\cos 60° + \sin 60° \tan\theta = \frac{1}{2} + \frac{\sqrt{3}}{2}\tan\theta = \frac{D_2}{H} \tag{4.5}$$

式 (4.5) に式 (4.1) を代入すると

$$H = 2D_2 - \sqrt{3}\,D_1 \tag{4.6}$$

となる。

⑦ 計測回数は一つの計測対象箇所に対して，推奨繰返し測定回数計測し，計測結果の平均値を計測値として採用する。なお，計測の再現性については計測値の不確かさを評価する。

図 4.9 に，公称高さ 10 μm に設定して加工したニードル構造体試料の電子顕微鏡像を示す。図 (a) は上面から撮影した顕微鏡像，図 (b) は 30° 傾斜させた状態で撮影した顕微鏡像である。また，5 個のニードル構造体試料に対する測定データの一例を表 4.5 に示す。ニードル構造体は，試料間での測定データのばらつきは，例えば，高さ H において試料間での差は約 0.5 μm であった。具体的な計測値は省略するが，1 種類のニードル構造体に対して 10 回計測したデータのばらつきは，トレンチ構造体のそれとほぼ同等の ± 0.1 μm 以

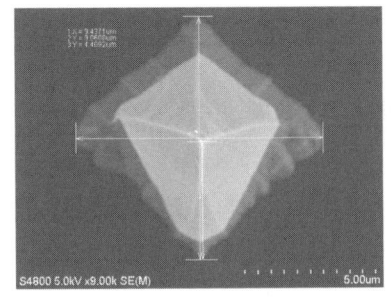

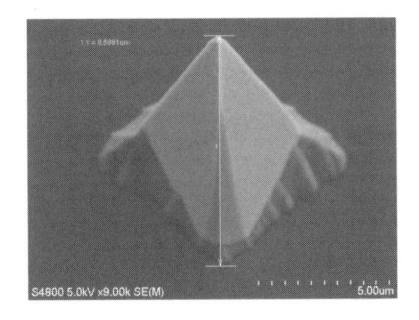

（a） 上 面 写 真　　　　　（b） 30°傾斜させた正面写真

図 4.9 公称深さ 10 μm のニードル構造体試料の FE-SEM 写真

表 4.5　FE-SEM によるニードル構造体の計測例
試料：公称高さ 10 μm　　　　　　　　　　　〔μm〕

試料	D_1	D_2	H	W_1	W_2
No.1	4.41	8.59	9.54	9.44	9.06
No.2	4.28	8.39	9.37	9.35	8.55
No.3	4.21	8.59	9.88	9.85	9.15
No.4	3.99	8.32	9.73	9.52	9.08
No.5	4.12	8.23	9.33	9.08	8.66

下程度あったことから，試料間のばらつきは若干大きい。

以上より，FE-SEM による 3 次元マイクロ構造体の形状寸法計測は，計測再現性が高いため，正確な校正と計測方法により信頼性の高い測定データを得ることができると考えられる。

4.3.3　走査型白色干渉計による計測例

走査型白色干渉計（coherence scanning interferometer，**CSI**）は，可干渉性の低い白色光源を利用した干渉計であり，光学顕微鏡をベースとしたものが一般的である。光学部品の検査で古くから活用されているレーザ干渉計での計測が連続的な干渉縞を必要とするのに対して，白色干渉計は連続的な干渉縞が不要であり，段差や粗さなど測定対象面に制約が少ない。基本的な計測原理は，干渉顕微鏡対物レンズの垂直走査に伴う干渉強度のピーク位置を，表面凹凸の情報とするものである。CSI は，測定ダイナミックレンジが高い計測が可能であることから，近年，さまざまな測定アプリケーションで市場が拡大している。

一般的な CSI の光学系レイアウトを**図 4.10**（a）に示す。対物レンズ自体が，ミラウ干渉計やマイケルソン干渉計といった等光路干渉計を構成している。計測では，干渉縞（光強度）の収集のために，ピエゾアクチエータなどの微小駆動機構により，干渉計（対物レンズ）を光軸（高さ）方向に垂直駆動させる。白色光の干渉深度は 2 μm 程度と狭いため，凹凸のある面を下から上に一定速度走査することで，干渉縞の発生にタイムラグが発生する。これを，測定面の高さ情報の検出に利用する。干渉強度を受光する CCD カメラの各画素

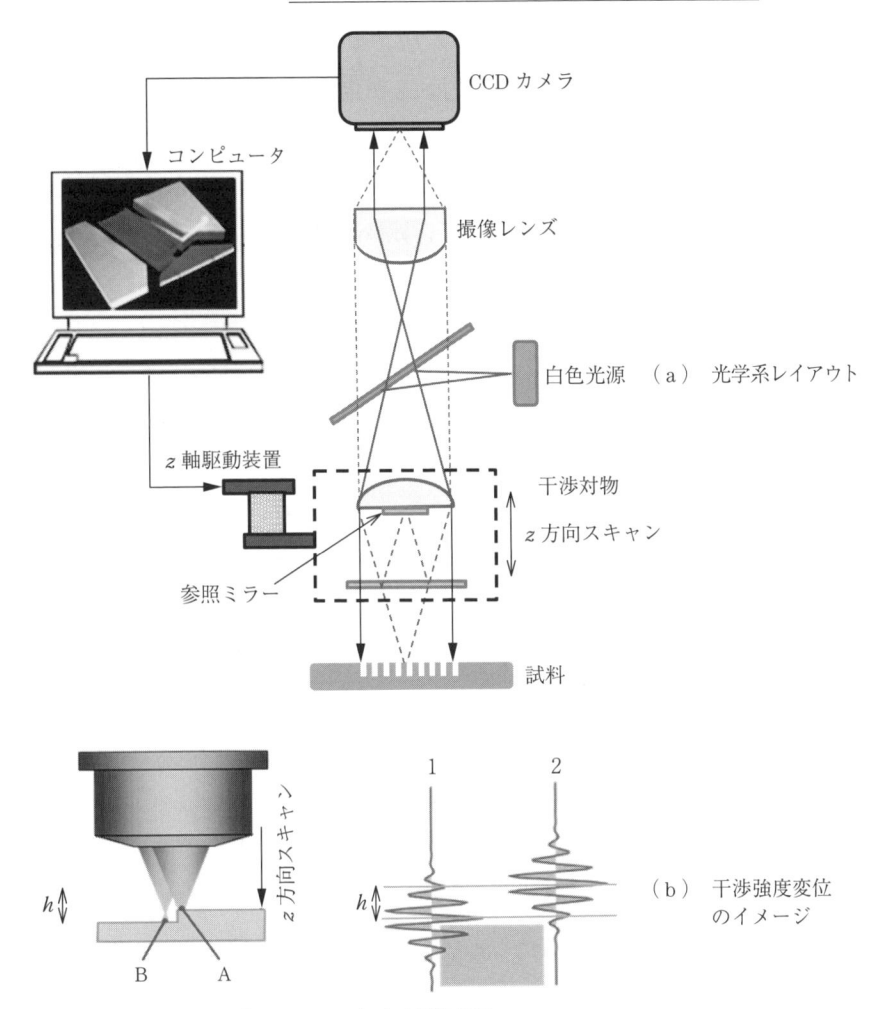

1：カメラのピクセルBにおける干渉信号
2：カメラのピクセルAにおける干渉信号

図 4.10 走査型白色干渉計の光学系レイアウト

がプローブの役割をしており，強度の最大となる位置が原理的に等光路位置である。図4.10（b）に，段差のある2点間の干渉強度変位のイメージを示す。対物レンズの焦点深度が倍率に依存するのに対して，可干渉深度は光源に依存するため，低倍率の対物レンズでも測定感度が落ちないという長所がある。こ

の特徴が，レーザ顕微鏡（共焦点方式）の基本原理と大きく異なる部分である。

CSI を用いてトレンチ構造体の形状寸法を測定するには，以下の手順で実施する必要がある。

① 計測すべきトレンチのウォールとトレンチが観察できる倍率の干渉対物レンズを取り付ける。必要に応じて，顕微鏡の接眼レンズに相当する中間レンズ倍率に変更する。測定倍率は，トレンチ深さによらず，ウォール寸法とトレンチ寸法で選択すればよい。

② 顕微鏡の光軸方向が試料の基準垂直線と一致するように試料を設置する。

③ 機器サプライヤが提供する装置の取扱い手順に従い，focus および contrast を調整する。

④ 機器サプライヤが提供する装置の取扱い手順に従い，垂直方向走査範囲などの測定条件を設定し，試料表面の形状測定を実行する。

⑤ 得られた測定データから，機器サプライヤが提供する測長機能を用いて，トレンチ深さ，ウォール幅，およびトレンチ幅の寸法を解析する。

⑥ 計測回数は一つの計測対象箇所に対して，推奨繰返し測定回数計測し，計測結果の平均値を計測値として採用する。なお，計測の再現性については計測値の不確かさを評価する。

米国 Zygo 社製 CSI である NewView7300[5] を用いて，トレンチ構造体試料の形状寸法を計測した結果を**表 4.6** に，3 次元エリア計測データの一例を**図 4.11** にそれぞれ例示する。ここで，試料上面（表面）方向から観察および寸法計測を実施している。4.3.1 項で記した寸法範囲のトレンチ構造体に対して，CSI の 3 次元エリアデータからウォール幅 W_{WU}，トレンチ幅 W_{TU}，底面でのトレンチ幅 W_{TB} およびトレンチ深さ D の測定は可能であったが，試料上面からの計測のため側壁角度 θ および底面でのウォール幅 W_{WB} の計測はできなかった。また，トレンチ深さが 50 μm 以上の試料においては，その底面スペースにおける側壁に近いデータが多く欠落する結果となるため，W_{TB} の計測が困難となった。この現象は，干渉対物レンズの**開口数**（numerical aperture，**NA**）に起因した光線の"蹴られ"であることが要因である。

4.3 3次元マイクロ構造体の幾何形状計測

表 4.6　CSI によるトレンチ構造体の計測例（10 回計測平均）

試料：公称ウォール幅 150nm-トレンチ幅 100 μm，公称深さ 70 μm　サンプル A　〔μm〕

	D	θ	1-pitch (top)	W_{WU}	W_{TU}	1-pitch (bottom)	W_{WB}	W_{TB}
CSI	76.4	—	249.4	151	98.8	—	—	95.1
FE-SEM	76.4	87.8	249.4	148	101	249.45	147	103

公称ウォール幅 150 μm-トレンチ幅 100 μm，公称深さ 70 μm（アスペクト比 0.7）
計測条件：×10 対物レンズ，×1 ズーム

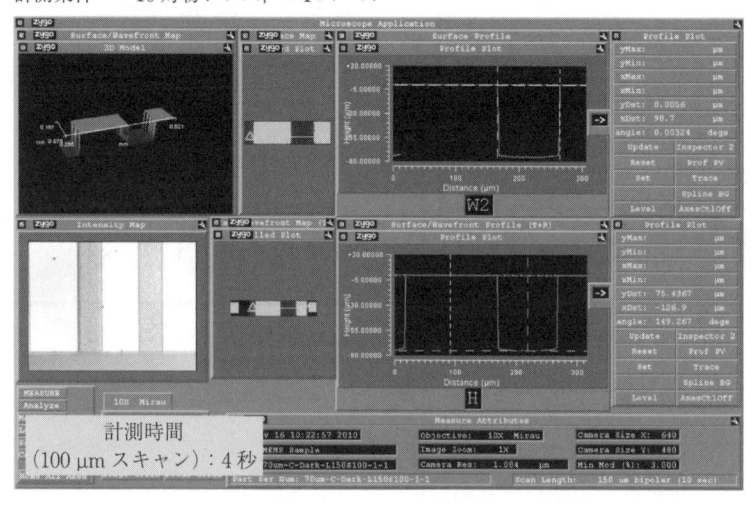

図 4.11　トレンチ構造体の 3 次元エリア計測データ画面の一例

　以上の結果から，CSI は，光の反射が小さい高アスペクト比をもつトレンチ構造においても，深さ H 寸法の計測には有効である。ただし，光線の"蹴られ"が生じる場合は，トレンチ底面形状寸法を取得することは困難である。なお，前項の FE-SEM 計測と同様に，試料破断後のトレンチ断面方向から計測した場合は，本節で定義しているトレンチ構造体のすべての測定項目は計測可能である。

　一方，ニードル構造体の 3 次元エリア計測データの一例を図 4.12 に示す。図において，ニードル表面の傾斜が大きいため，ニードル上面からの測定では反射光量が極端に減少していることが認められる。このため，形状寸法解析に

公称高さ 35 μm，計測条件：×50 対物レンズ，×1 ズーム

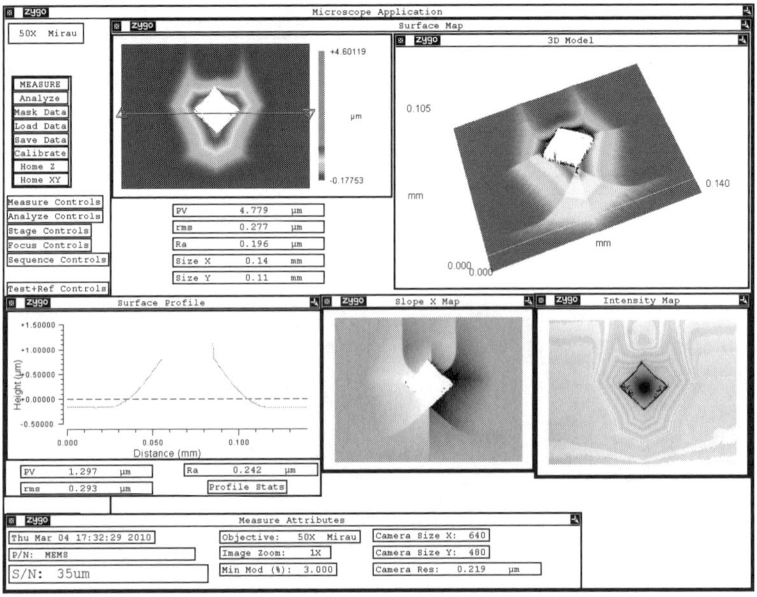

図 4.12 ニードル構造体の 3 次元エリア計測データ画面の一例

必要なエリア情報は取得できなかった．

4.3.4 共焦点走査型レーザ顕微鏡による計測例

共焦点走査型レーザ顕微鏡（confocal laser scanning microscopy，**CLSM**）は，レーザ光を試料の特定の狭い範囲に焦点を合わせて像を検出する顕微鏡である．一般的な CLSM の光学系レイアウトを**図 4.13** に示す．CLSM は，光源にレーザを用いることで理想的な点光源を実現するとともに，対物レンズで集束させたレーザ光を試料表面上で 2 次元走査し，このとき生じる反射光を光検出器で検出することで，試料表面に対して垂直方向の表面凹凸の情報を得る顕微鏡である．特に，検出器の直前に，焦点と共役な位置に円形開口をもつピンホールを配置することで，焦点位置からのみの蛍光を選択的に検出して，高精細な画像が取得できる．図中のミラーは，レーザ光を透過させ，かつ試料表面から発する蛍光だけを反射する役割を担っている．また，焦点位置を高さ方向

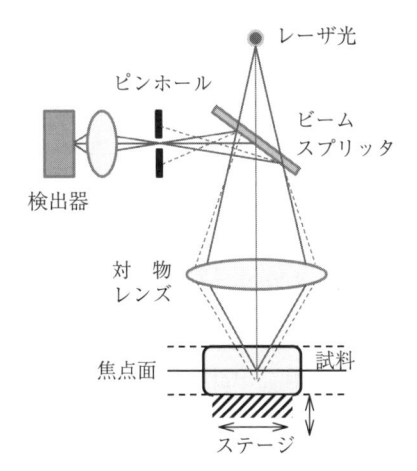

4.3　3次元マイクロ構造体の幾何形状計測　　113

図 4.13　共焦点走査型レーザ顕微鏡の光学系レイアウト

に移動させながら各高さ位置での2次元画像を収集し，それらをコンピュータ上で重ね合わせることにより，試料表面の3次元像を形成している．なお，CLSMの解像度は，レーザ源の波長，レンズの開口数（NA）などによって決定される．

CLSMを用いてトレンチ構造体の形状寸法を測定するには，機器サプライヤが提供する装置の取扱い手順に従う必要がある．ただし，以下の点に留意しなければならない．

(1)　顕微鏡の光軸方向が試料の基準垂直線と一致するように試料を設置する．
(2)　倍率は，計測対象のトレンチ構造が計測エリアに収まるように選択する．このとき，可能なかぎり高倍率であることが望ましい．
(3)　高さ方向の走査範囲を，測定対象であるトレンチ溝深さ以上に設定する．
(4)　計測回数は一つの計測対象箇所に対し，推奨繰返し測定回数計測し，計測結果の平均値を計測値として採用する．なお，計測の再現性については計測値の不確かさを評価する．

CLSMによる，トレンチ構造体上面からの計測結果の一例を**表 4.7**に示す．使用したCLSMの解像度は$0.30\,\mu m$（＠対物レンズ×100），微小寸法測定機

表 4.7 CLSM によるトレンチ構造体の計測例（10 回計測平均）

試料：公称ウォール幅 150nm-トレンチ幅 100 µm，公称深さ 70 µm　サンプル B　〔µm〕

	D	θ	1-pitch (top)	W_{WU}	W_{TU}	1-pitch (bottom)	W_{WB}	W_{TB}
CLSM	68.4	—	249.4	151	98.8	—	—	—
FE-SEM	68.4	88.2	252.23	150.4	101.8	252.18	149.2	102.9

能は 0.30 µm 以上，試料台 z 軸ステージの精度は 0.03 µm である．計測項目は，トレンチ深さ D，トレンチ幅 W_{TU}，ウォール幅 W_{WU} であり，側壁角度 θ およびウォール底幅 W_{WB}，トレンチ底幅 W_{TB} の計測はできなかった．トレンチ深さ計測は，試料台の z 軸ステージを自動制御しながら，試料表面位置とトレンチ底面位置を抽出し，その高低差から算出する．しかしながら，トレンチ底面からの反射光が少ない場合は測定できない．本計測では，公称トレンチ幅 5 µm で，公称トレンチ深さが 50 µm および 70 µm の試料に対しては，深さ計測ができなかった．一方，トレンチ底幅 W_{TB} の寸法計測では，トレンチ底面でのウォールと底面との境界コントラストが明瞭であることが必要である．しかしながら，Deep-RIE 加工された試料は，逆テーパ形側壁を形成する傾向があるだけでなく，トレンチ底角部は曲率をもっており，焦点深度の浅い CLSM では角部境界の特定が困難であった．以上のことから，CLSM によるトレンチ構造体の寸法計測を試料上面から行う場合は，高アスペクト比をもつ構造体の深さ計測は難しい．なお，具体的な計測値は省略するが，FE-SEM 計測と同様に，試料破断後のトレンチ断面方向から計測した場合は，すべての測定項目は計測可能であり，FE-SEM 計測値との誤差は ±1% 以内であった．

　一方，ニードル構造体に対してはニードル表面の傾斜が大きく，ニードル上面からの測定では反射光量が極端に減少するため，形状寸法計測は実施できなかった．

4.3.5　触針式形状測定機による計測例

触針式表面形状測定機（stylus surface profiler）は，鋭い先端をもつ触針を

試料上に接触させて走査させることにより，表面性状を計測する装置である。触針としては先端を球状にした円錐形状のものが使われ，形状は触針先端の半径および円錐のテーパ角度で表される。測定機は，触針を一定の測定力で試料に押し当てた際の垂直方向の触針変位を精密に測定するとともに，試料水平方向への走査を組み合わせて，断面プロファイル（測定断面曲線）を計測する装置が一般的である。触針変位の分解能は 0.1 nm 程度である。また，触針の形状による測定の制限がある。

触針式表面形状測定機を用いてトレンチ構造体の形状寸法を測定するには，機器サプライヤが提供する装置の取扱い手順に従い，測定を行う。測定機の特性については，JIS B 0651 を参照する必要がある。ただし，以下の点に留意して測定なければならない。

(1) 測定に使用する触針を光学顕微鏡で観察し，先端およびテーパ面に破損や異物の付着がないことを確認する。

(2) 触針の測定力および走査速度はトレンチ構造の深い段差に十分に追従できる値に設定し，評価長さはトレンチ幅，ウォール幅が十分に収まるように設定する。

(3) 走査測定を行い，断面プロファイル（測定断面曲線）を電子ファイルに記録する。ここで，フィルタリング処理は行わないことが望ましい。

(4) 断面プロファイル（測定断面曲線）から，トレンチの両側の基板上面 2 点を結ぶ基準水平線を定義する。

(5) 断面プロファイル（測定断面曲線）の形状からトレンチ底面が測定されているかどうかを判定する。触針がトレンチ底面に接触せず，底面が測定できない場合は，触針形状を反映した V 字型の測定断面曲線が得られる。判定基準は測定機と触針形状に依存する。トレンチ底面が観測された場合は，トレンチ中央における基準水平線からの距離をトレンチ深さとする。

(6) 計測回数は一つの計測対象箇所に対し，推奨繰返し測定回数計測し，計測結果の平均値を計測値として採用する。なお，計測の再現性については計測値の不確かさを評価する。

触針式形状測定においては，有限の大きさをもつ触針を試料表面に接触させて測定するため，幾何学的に触針がトレンチ底面に到達せず，形状測定できない場合がある．いま，図 4.14（a）に示すような球と円錐の外接した触針形状モデルを仮定する．このとき，断面プロファイルは図（b）のようになり，試料に対して触針先端 R 部が接触する場合と，円錐側壁が接触する場合の 2 通りに分けられる．触針先端がトレンチ幅 W，トレンチ深さ h のトレンチ底面に到達する条件は，幾何学的に次式で表される．

$$W > 2\left\{h - R\left(1 - \mathrm{cosec}\frac{\phi}{2}\right)\right\}\tan\frac{\phi}{2} \tag{4.7}$$

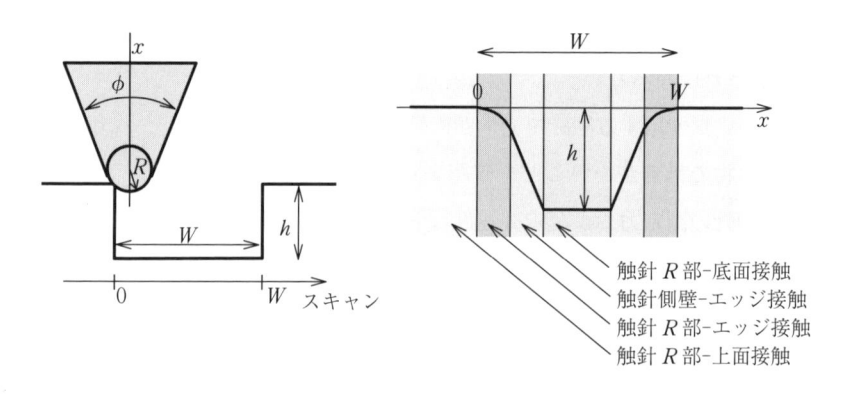

（a） トレンチと触針の形状モデル　　（b） 断面プロファイル解析図

図 4.14　トレンチ構造と触針との幾何学的関係

4.3.1 項で記した寸法範囲のトレンチ構造体に対して，形状寸法計測を実施し，触針先端のトレンチ底面への到達度合いを調べた．ここで，測定装置として，小坂研究所 ET-4000M 型触針式形状測定機[6]を用いた．本装置は垂直（z）軸段差再現性 0.5 nm（偏差 1σ），垂直（z）軸測定範囲 100 μm，測定力 0.5〜500 μN，x 軸測定距離 100 mm，スキャン速度 0.005〜2 mm/s の性能を有している．測定条件は測定力 100 μN，スキャン速度 0.01 mm/s とした．z 軸方向測定の校正については，測定ごとに段差校正用標準試料（段差 0.230 μm）を測定し，段差値が±2 nm 以内であることを確認している．触針は $\phi = 60°$，R

$= 2\,\mu m$ のものを用い，測定前には光学顕微鏡で先端の状態（破損，汚れのないこと）を確認した。測定データでは，JIS B 0651：2001 に規定される低域フィルタ（カットオフ値 λ_s）を作用させず，測定した生データ（測定曲線）をそのまま用いた。

図 4.15 に，トレンチ幅およびトレンチ深さと，触針先端のトレンチ底面への到達度合いとの関係を図示する。ここで，○がトレンチ底面に到達，×が非到達を表している。トレンチ深さの解析では，トレンチ上端エッジの位置を図 4.14（b）と比較して決め，そこから $W/2$ 離れた 2 点を上面基準点としてレベリングを行った。そして，トレンチ中央における z 座標をトレンチ深さとした。レベリング基準点およびトレンチ深さ計測点周辺は，いずれも平坦であるため，計測誤差を軽減するために単純平均化処理を行っている。平均化処理を行った長さは，9 データ分（$0.72\sim 2.96\,\mu m$）である。図中の実線で示した式（4.7）の接触限界条件によって，この結果をよく説明できることがわかる。一部，限界線付近の条件で底面に到達するべき条件にもかかわらず，底面に到達していない結果があるが，これらは触針先端が理想的な形状（球と円錐の外接）になっていないためと考えられる。このことから，概ねトレンチ深さ測定の可否を判断する基準として式（4.7）を利用できるといえる。

段差計測は，触針式計測の最も得意とするものであり，高い分解能をもち，

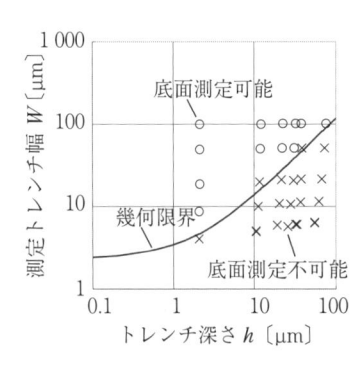

図 4.15 触針先端とトレンチ底面との接触条件

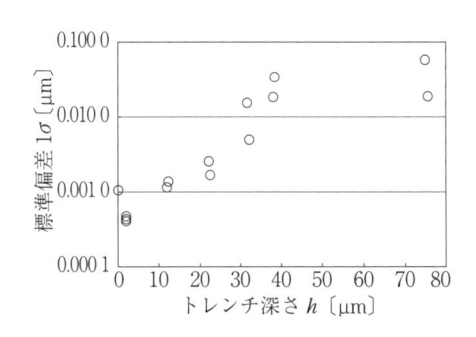

図 4.16 トレンチ深さ計測の再現性（10 回測定）

再現性に優れている。前図にて計測可能であったトレンチ構造体試料に対して，10回計測を行った際の標準偏差を図4.16に示す。図には校正用標準試料（段差0.230μm）の計測結果も同時に表示している。計測再現性はトレンチ深さが大きくなるほど悪化する傾向をもち，トレンチ深さ10μm以下では再現性1nm以下程度のきわめてよい数値を示した。装置の仕様である0.5nmに迫る再現性が得られている。深さが大きくなると再現性は急速に悪化し，深さ30～40μmになると10nm前後となり，深さ70μmで最大60nmの値となった。しかし，最悪でも深さ計測値に対しては1/1 000以下を保っており，実用上は十分な測定再現性が得られていると考えられる。

一方，ウォール上面幅とトレンチ上面幅の解析は，断面プロファイルのカーブフィッティングからトレンチ上端エッジ位置を推定して求めた。カーブフィッティングは図4.14(a)のような触針先端形状を仮定して行うもので，断面プロファイルは触針先端半径2μmを仮定したカーブと概ね一致を示し，フィッティングでのエッジ位置の決定精度は±0.1μm程度と推測された。このカーブフィッティング法は触針式プロファイル測定に一般的なものではなく，触針のxy方向への剛性や先端形状にも依存すると考えられるため，必ずしもすべての測定機に適用可能な手法ではないことに注意する必要がある。図示は省略するが，触針式形状測定機によるトレンチ深さ，ウォール幅，トレンチ幅の計測値とFE-SEMによるそれを比較した結果，概ね±2%以内でよい一致を示した。比較した両装置がよい校正状態にある場合，計測値の一致が見られると推測される。

一方，触針先端寸法よりも小さいニードル構造体に対しては，ニードル構造体上を正確に走査することができない。このため，本節では同構造体の形状計測を実施していない。

4.3.6 原子間力顕微鏡による計測例

前項までの計測技術では，FE-SEM以外の装置によるマイクロニードル構造体の形状寸法計測はできなかった。そこで本節では，ニードル構造体に焦点を

当て，**原子間力顕微鏡**（atomic force microscopy，**AFM**）による同構造体の形状寸法計測事例を示す．

AFM は，微小カンチレバーに取り付けられた極小探針と試料表面との間の相互作用力（原子間力）を利用して，3次元表面形態イメージを得る装置である．AFM 測定には，コンタクトモード（静的測定モード），非接触モード，タッピングモードなど，測定原理が異なるいくつかの測定方法があるが，本節ではコンタクトモードによる計測を実施した．コンタクトモードは，カンチレバーに取り付けられた先端半径 10 nm 程度の探針を試料表面上に微小接触力の下で接触させ，カンチレバーのたわみ量が一定になるように，カンチレバーあるいは試料台に取り付けられている AFM スキャナの z 方向変位をフィードバック制御する．この状態で，試料表面上を2次元走査しながら，各 xy 座標位置での AFM スキャナの z 方向変位を記録することで，試料表面の3次元画像（AFM 画像）をコンピュータ内で構成する．この AFM 画像の分解能は，プローブ先端半径，測定モード，AFM スキャナの走査分解能などに依存する．

AFM を用いてマイクロニードル構造体の形状寸法を測定するには，機器サプライヤが提供する装置の取扱い手順に従う必要がある．ただし，以下の点に留意しなければならない．

(1) ニードル底面（または基板面）は AFM スキャナの z 方向に対して垂直になるように設置する．

(2) ニードルの側面の高さプロファイルを測定するためには，カンチレバー探針先端が，ニードル側面およびニードル底面に届く形状を選択する（図 4.17）．

(3) 機器サプライヤが提供する装置の取扱い手順に従い，走査範囲などの測定条件設定や出力信号のゲイン・位相調整などを行う．

(4) 試料表面の形状測定によって得られた AFM 画像から，機器サプライヤが提供する測長機能を用いてニードル寸法を解析する．

(5) 計測回数は一つの計測対象箇所に対し，推奨繰返し測定回数計測し，計測結果の平均値を計測値として採用する．なお，計測の再現性につい

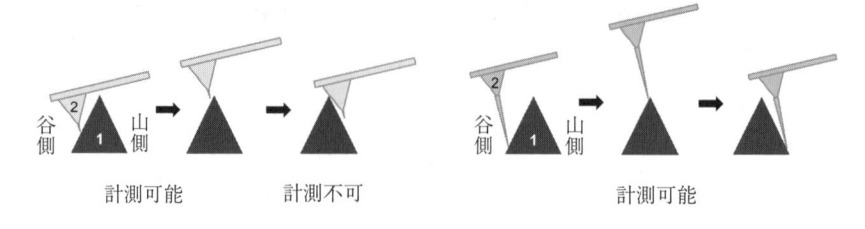

(a) ニードル高さ＞探針長さ　計測可能　計測不可

(b) ニードル高さ＜探針長さ　計測可能

図 4.17 ニードル構造体を走査するカンチレバー探針

ては計測値の不確かさを評価する。

本項では，パークシステムズ製 XL-100（現行モデル XE-100 に相当）[7] を用いて，公称高さ 10 μm で加工された Si 製マイクロニードル構造体の形状寸法を測定した。計測では，50 μm×50 μm の xy 方向スキャナと 12 μm の z 方向スキャナを採用した。また，カンチレバー探針は，高アスペクト比構造体の計測を対象とした，**図 4.18** に示す Nanoworld 社製 AR5-NCHR 探針（探針 A）[8]，および Nanotools 社製 XXL 探針（探針 B）[9] の 2 種類を用いた。

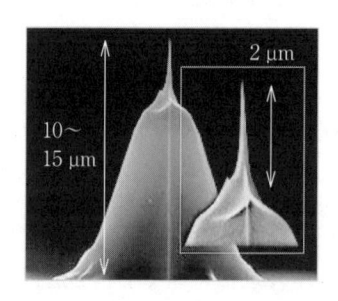

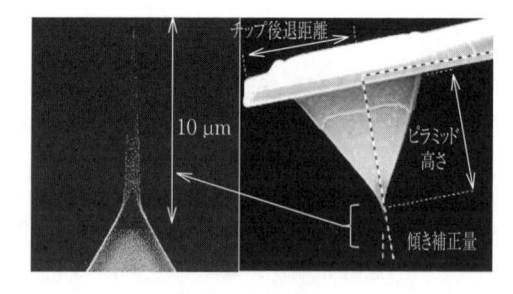

(a) Nanoworld 製 AR5-NCHR[8]　　　(b) Nanotools 製 XXL[9]

図 4.18 高アスペクト比構造のカンチレバー探針

AR5-NCHR 探針による測定結果を**図 4.19** に示す。ここで，左図の水平ライン Red より上の画像は図 4.17 の山側に，下の画像は谷側に対応している。図 4.9（a）の FE-SEM 写真と同じ配置のニードル構造体の上面 AFM 画像を示しているが，その形状は大きく異なっている。具体的には，AFM 画像における

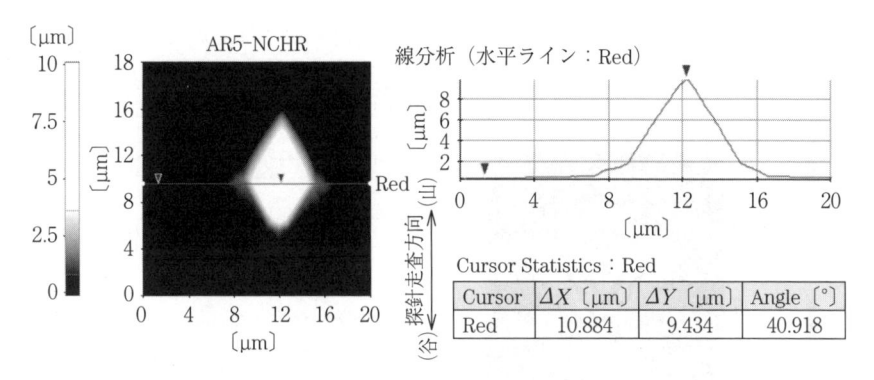

図4.19 AR5-NCHR探針によるニードル構造体計測結果の一例

ニードル谷側形状はFE-SEM写真のそれとほぼ同じであったが，山側形状はFE-SEM写真のそれより大きく伸びた形状を示した．これは，図4.17（a）で示したように，探針先端がニードル山側表面を正しく走査できていないことに起因している．すなわち，ニードル山側では，探針先端がニードル構造体の斜面に到達する前に，探針根元部分あるいはカンチレバーが構造体の一部に接触しているためである．ただし，ニードル高さについては，ニードル谷側から同先端までの測定情報から求められ，図4.17の計測結果は，FE-SEM計測による算出値と1%程度の差を示すのみであった．

一方，XXL探針によるニードル測定結果を**図4.20**に示す．XXL探針は，先端の探針長さが10 μm，曲率半径が10 nm以下の高アスペクト比形状であるため，FE-SEMで観察されたニードル形状と概ね同じ画像が得られた．具体的には，両者の差は幅W_1で0.15%，高さHで0.3%となり，非常によく一致した．このことから，試料高さと同等の長さを有する高アスペクト探針を用いれば，急峻な形状を有するニードル構造体でさえも形状計測は可能である．ただし，極端に高アスペクトな探針は破損しやすいことから，取扱いは容易ではない．

以上，4.3.2～4.3.6項で示したように，3次元マイクロ構造体の形状計測では，用いる装置の原理や長所，短所，および被計測対象物の幾何学的特徴を

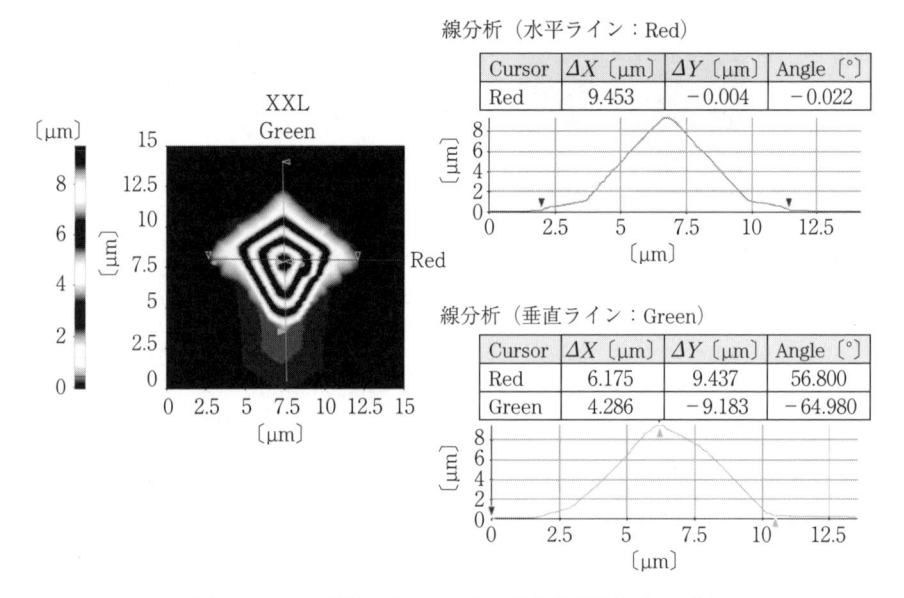

図 4.20 XXL 探針によるニードル構造体計測結果の一例

十分に把握しておくことが，信頼性の高い計測にとって重要である．

4.4 計測値の不確かさ評価

前節で例示した各種測定方法によって得られた寸法計測データの信頼性は，測定のばらつき要因に基づいた**不確かさ**（uncertainty）によって評価・表現されるべきものである．本節では，JCGM（Joint Committee for Guides in Metrology）により ISO/IEC Guide 98-3 として発行された GUM（guide to the expression of uncertainty in measurement）[10] の規定に準拠して，不確かさの定義および表示法について述べる．また，本節での記述にあたっては，GUM に定義された用語を用いる．

4.4.1 基本的な考え方

前節で例示された計測法，および共通する注意事項の下で実施されたマイク

ロ構造体の寸法計測結果の表示法について述べる。

測定値（報告される値）は，n 回の繰返し測定によって得られた値（x_1～x_n）を用いて算出される "**最良推定値 X**" によって表示される。ここで，最良推定値 X とは，次式によって算出される値である。

$$X = \frac{1}{n}\sum_{i=1}^{n} x_i \tag{4.8}$$

ここで，繰返し測定回数 n は 4～10 程度を推奨値とする。測定値を求めるための測定の原理，測定の方法，使用する測定装置・機器，測定手順などを簡潔に記述する。また，直接の測定器の読みから測定値を得るために行った補正や平均操作などの解析手順（データ処理）を明示する。

不確かさは，測定値の真の値が存在する範囲を示す推定値である。このことから，測定結果の不確かさを適切に評価・表示することによって計測の信頼性を確保することができる。不確かさの推計方法を以下に概説する。まず，測定のばらつきを与えている要因である，"**不確かさ要因**（source of uncertainty）" a_i を列挙し，測定値 x を影響量や入力量 a_i の関数モデルとして表す。

$$x = f(a_1, a_2, a_3, \cdots, a_n) \tag{4.9}$$

ここで，影響量とは環境条件のように測定量以外の量を示し，測定結果を変化させる量である。影響量は補正しなければ測定値のばらつきの原因になる。また，入力量とは測定値の算出に必要な測定量を示し，補正のための補助測定や間接測定の場合に測定される量などである。明確な関数として表せない場合は，ばらつき要因を挙げておく必要がある。つぎに，それぞれの不確かさ要因 a_i に対応する**標準不確かさ**（standard uncertainty）$u(a_1), u(a_2), u(a_3), \cdots$ を，測定値の分布の標準偏差に相当するものとして見積もる。測定値 x が式 (4.9) のように入力量 a_i の関数として表現可能な場合は，次式によって要因 a_i ごとに，測定値への影響の大きさを表す感度係数 c_i を解析的に計算しておく。

$$c_i = \frac{\partial f}{\partial a_i} \tag{4.10}$$

このとき，入力量 a_i のばらつきを表す分布の標準不確かさ $u(a_i)$ を用いて，

標準不確かさの成分 $u_i(x)$ を次式によって求める．

$$u_i(x) = |c_i| u(a_i) = \left| \frac{\partial f}{\partial a_i} \right| u(a_i) \qquad (4.11)$$

測定値の解析的な関数が明確でない場合には，実験あるいは技術情報により感度係数を求める必要がある．ここで，標準不確かさ $u(a_i)$ は，測定値の統計的解析が可能であり，標準偏差が求められる要因と，統計的解析が不可能であり，標準偏差が求められない要因がある．前者は**タイプAの評価法**（type A evaluation of standard uncertainty）とし，後者は**タイプBの評価法**（type B evaluation of standard uncertainty）として分類される．両評価法の求め方は以下のとおりである．

(1) <u>タイプAの評価法</u>： 統計的方法によって評価する方法として，一連のたがいに独立な測定による繰返し観測値 y_i $(i=1,\cdots,n)$ から実験標準偏差 $S(y)$ をつぎのように求める．

$$S(y) = \sqrt{\frac{1}{n-1}\sum (y_i - \overline{Y})^2} \qquad (4.12)$$

ただし，$\overline{Y}$ は式 (4.8) によって求められる平均を表す．この実験標準偏差を用いて，タイプAの標準不確かさを表す平均値の実験標準偏差 $S(\overline{Y})$ を

$$S(\overline{Y}) = \frac{S(y)}{\sqrt{n}} \qquad (4.13)$$

と推定する．

(2) <u>タイプBの評価法</u>： 他のすべての情報を用いて，不確かさを推定する．具体的には，従来の技術情報や測定に関する過去のデータ，測定試料や計測器に関する知識・経験，校正証明書，計測器の性能や仕様書，引用したデータや定数の不確かさなどが挙げられる．例えば，技術情報から，入力量のばらつきによる測定値の分布を仮定し，その分布の標準偏差に相当するものを標準不確かさ成分として推定する．

最後に，以下の式で表される不確かさの伝搬則を用いて，すべての標準不確

かさの成分 $u_i(x)$ を合成し，**合成標準不確かさ**（combined standard uncertainty）u_c を求める．

$$u_c = \sqrt{\sum u_1(x)^2} = \sqrt{\sum \{|c_i|u(a_i)\}^2} \qquad (4.14)$$

この合成標準不確かさ u_c は「1標準偏差」と同等とみなすことができるので，測定値の分布のある大きな比率を含む区間を表すためには，信頼の水準を反映する係数である**包含係数**（coverage factor）k を掛けた**拡張不確かさ**（expanded uncertainty）U を次式で計算する．

$$U = ku_c \qquad (4.15)$$

包含係数は $k=2\sim3$ の値が推奨されているが，一般的には，信頼水準95%に相当する $k=2$ をとれば十分である．最終的に，測定結果は最良推定値 X と拡張不確かさ U を用いて，以下のように表示される．

$$X \pm U(k=2) \qquad (4.16)$$

4.4.2 平均トレンチ深さの不確かさ評価

FE-SEMによる実際の測定結果を用いて，測定の不確かさ解析について例示する．測定量は，図4.3で定義されるトレンチ構造体深さ D とする．測定試料には，一例として仕様ウォール幅150 μm-トレンチ幅100 μm，目標深さ70 μmのトレンチ構造体を採用した．試料断面の寸法 D をFE-SEMの測長機能を用いて直接測定する．測定は4.3.2項の手順に従って実施した．なお，不確かさ解析のため，同一試料内の計測対象箇所に対して，推奨繰返し測定回数計測し，データを収集する．ここでは，10回計測した．後述の不確かさ解析に用いる，仕様ウォール幅150 μm-トレンチ幅100 μm，目標深さ70 μmのトレンチ構造体のトレンチ深さ D の測定データを**表4.8**に示す．

表4.8 トレンチ深さの計測例（10回計測）

試料：公称ウォール幅150nm-トレンチ幅100 μm，公称深さ70 μm　サンプルC〔μm〕

計測回数	1	2	3	4	5	6	7	8	9	10
トレンチ深さ	68.5	68	68	68.5	68	68	68	68.5	68	68

4. 3次元マイクロ構造体の形状計測法および信頼性評価

試料測定における不確かさ要因の解析は，特性要因図などを利用してなるべく詳細に検討する．本事例では，不確かさ要因として，以下の3要因について検討した．

(1) 測定の繰返し $u(s)$： 同一試料を推奨繰返し測定回数だけ計測したデータから求めた実験標準偏差

(2) 測定器の分解能 $u(R)$： 測定に用いた FE-SEM の最小分解能（400倍での値）

(3) 測定器の校正の不確かさ $u(C)$： 標準器の校正の不確かさに相当する FE-SEM の校正不確かさ

(1)の $u(s)$ は，標準不確かさのタイプ A 評価法で見積もることができる．すなわち，同一試料の繰返し計測結果を用いて，実験標準偏差を求めた．最良推定値は 68.2 (68.15) μm，実験標準偏差 0.2 (0.242) μm，平均の実験標準偏差は 0.08 (0.076) μm であった．よって，$u(s)=0.08$ μm と見積もられる．一方，上記(2)の $u(R)$ および(3)の $u(C)$ は，標準不確かさのタイプ B 評価で見積もることができる．具体的には，$u(R)$ は，測定に用いた FE-SEM の最小分解能が倍率 400 倍で 0.1 μm であるので，±0.05 μm の矩形分布とした．矩形分布に対する除数は $\sqrt{3}$ が用いられるので，$u(R)=0.03$ μm と見積もられる．また，$u(C)$ は，FE-SEM の校正証明書に記載される不確かさは，正規

表4.9 計測の不確かさの評価

記号	不確かさ要因 (Type)	値	確率 分布	除数	標　準 不確かさ	感度 係数	標準不確かさ成分 （測定量の単位）
$u(s)$	測定の繰返し (A)	0.08 μm	正規 分布	1	0.08 μm	1	0.08 μm
$u(R)$	測定器の分解能 (B)	0.05 μm	矩形 分布	$\sqrt{3}$	0.03 μm	1	0.03 μm
$u(C)$	測定器の校正 (B)	0.05 μm	正規 分布	2	0.025 μm	1	0.025 μm
u_c	合成標準不確かさ						0.09 μm
U	拡張不確かさ						0.18 μm ($k=2$)

分布における 0.05 μm の値を用いた。正規分布に対する除数は 2 が用いられるので，$u(C) = 0.025$ μm と見積もられる。

得られたすべての標準不確かさ成分 $u(s)$，$u(R)$，$u(C)$ より，合成標準不確かさ u_c は 0.09 (0.089) μm と求められる。また，拡張不確かさ U は，包含係数を 2 として，0.18 (0.178) μm となる。

最終的に，信頼性評価を含めた計測結果は 68.2 μm ± 0.18 μm ($k=2$) と表示できる。以上の不確かさの見積もりを**表 4.9** にまとめる。

4.5 お わ り に

本章では「3 次元マイクロ構造体の形状計測法および信頼性評価」について，既存の標準規格，具体的計測方法の例示，および得られた計測データの信頼性評価法について紹介した。本来，3 次元構造物の形状寸法は，空間座標系に原点を設けて構造物表面上の任意位置をベクトル表示，または成分（3 次元座標成分）表示することで規定されるべきものである。例えば，cm 以上の一般的な機械工作物の形状表記には，3 次元触針式形状計測法による 3 次元座標成分表示が有効とされている。一方，3 次元マイクロ構造体に対するこの種の計測手法はまだ確立していない。すなわち，本章で紹介した各種の既存計測手法および寸法表示法は，あくまでも簡易手法であることを理解しておくことが必要である。このことからも，2.4 節で紹介した「計測値の不確かさ評価」によって，計測結果の信頼性確保に努めることがなにより重要である。

本章で提示したデータは，平成 21 年度～23 年度にわたって，経済産業省および（独）新エネルギー・産業技術総合研究所の戦略的国際標準化推進事業内で実施された「MEMS における形状計測法に関する標準化」事業で実施された計測結果を簡潔にまとめたものである。同事業にご協力いただいた研究機関，各企業の方々に謝意を表する。

引用・参考文献

1) JIS B 0651：2001：「製品の幾何特性仕様（GPS）―表面性状：輪郭曲線方式―触針式表面粗さ測定機の特性」，2001年1月20日改正，日本規格協会（ISO 3274：1996）
2) JIS B 0601：2001：「製品の幾何特性仕様（GPS）―表面性状：輪郭曲線方式―用語，定義及び表面性状パラメータ」，2001年1月20日改正，日本規格協会（ISO 4287：1997）
3) JIS B 0670：2002：「製品の幾何特性仕様（GPS）―表面性状：輪郭曲線方式―触針式表面粗さ測定機の校正」，2002年3月20日改正，日本規格協会（ISO 12179：2000）
4) JIS R 1636：1998：「ファインセラミックス薄膜の膜厚試験方法 ―触針式表面粗さ計による測定方法」，1998年1月20日制定，日本規格協会
5) http://cweb.canon.jp/indtech/zygo/lineup/newview/7300/
6) http://www.kosakalab.co.jp/product/precision/minute/#et4000
7) http://parkafm.co.jp/product/product_view.php?gubun=R&id=2&product_name=XE-100
8) http://www.nanoworld.com/pointprobe-high-aspect-ratio-afm-tip-ar5-nchr/
9) http://www.nanotools.com/afm-probes/ebd/general-purpose/biotool-xxl/
10) ISO/IEC Guide 98-3（GUM：1995）：2008 Uncertainty of measurement-Part 3：Guide to the expression of uncertainty in measurement

5 動特性計測：微細なものの動的変形と振動評価

5.1 はじめに

　今日，エレクトロニクスのタイミング回路およびフィルタ回路には水晶やセラミックスの機械式共振器が使用されている．これは，機械式共振器が電気回路に比べて非常に大きな Q 値をもっているために高精度な周波数分解能を必要とする応用に適しているからである．現在，システムの高周波化に対応して水晶振動子の振動板の厚さは 0.2 mm まで薄膜化されており，また圧電フィルタの **SAW**（<u>s</u>urface <u>a</u>coustic <u>w</u>ave）デバイスでは櫛歯ギャップの間隔が 0.1 μm まで縮小されるに至っている．一方，各種センサデバイスにおいてはその研究開発が積極的に進められており，MEMS，さらにナノ構造を利用した **NEMS**（<u>n</u>ano<u>e</u>lectro<u>m</u>echanical <u>s</u>ystems）と呼ばれる機械構造体が世界中で研究されている．

　微小な機械振動は，(1) 機械振動を速度計により直接に測定，(2) 電気回路を構成してそのインピーダンスを測定，(3) ネットワークアナライザを利用してその高周波パラメータを測定，という三つの代表的な測定方法によって振動特性の計測がなされている．これらの測定方法によって得られる振幅および位相を周波数に対して模式的に示したものを**図 5.1** に示す．振動デバイスを電気回路に使用する場合には電気測定評価がデバイスの実用的な性能を示すものとなる．しかし，電気測定評価は周囲の電磁波環境の影響を大きく受けるために機械振動特性自体を評価することは容易ではなく，機械特性を直接に評価す

5. 動特性計測：微細なものの動的変形と振動評価

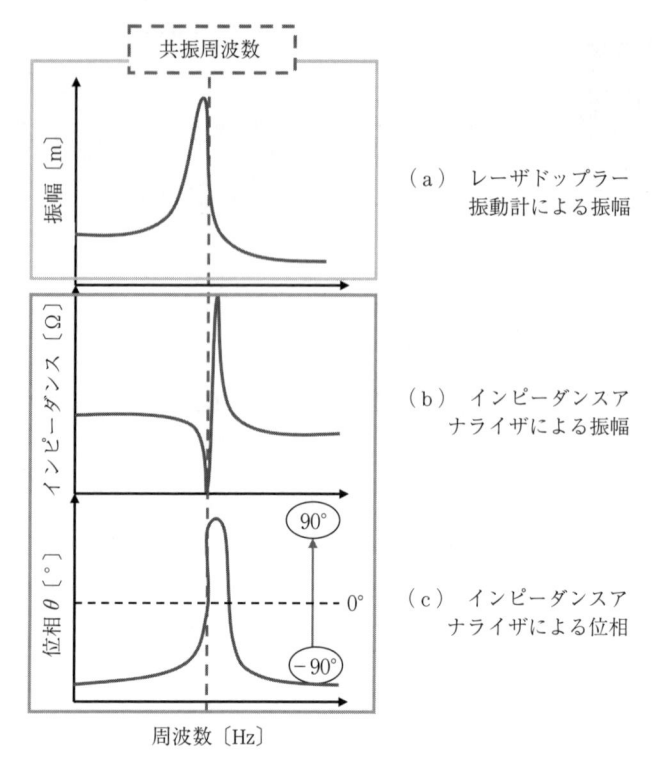

図5.1 機械振動測定データの模式図

(a) レーザドップラー振動計による振幅
(b) インピーダンスアナライザによる振幅
(c) インピーダンスアナライザによる位相

る方法が望まれている．しかし，微小な機械構造体の振動を評価するためには機械構造体の微小な領域を測定対象にする必要がある．また，近年，共振器デバイスの評価において，微小な領域の機械振動を高い周波数まで精密に測定することが重要になっている．今日，顕微鏡を利用して光ビームを数 μm 程度に絞って測定対象に照射する技術が進歩しており，また高い周波数の信号を処理できるようになってきた．本章ではこのような領域に適用できる測定評価法を述べる．

5.2 MEMS 共振器

近年,シリコン基板にデバイスを集積化搭載することを目的にシリコン **MEMS 共振器** の研究が欧米を中心に活発に進んでいる[1]。共振器には,高い共振周波数,高い Q 値,高い安定性のすべての機械特性に対する要求を満たすことが重要であり,また電気回路の中で使用されることを考慮する必要がある。このため,共振器を電気信号の入出力間に機械振動を連結した電気機械融合システムと考え,共振器の機械振動特性を等価電気回路モデルとして表現することにより,共振器の設計パラメータを明確にすることが行われている。

5.2.1 機械振動

梁の曲げ振動において,曲げによる変形だけを考えてせん断による変形および回転慣性の影響を無視した,**オイラー・ベルヌーイ梁**(Euler-Bernoulli beam)**モデル**を以下に述べる。

梁が均質で一様な断面をもつ場合には,x 軸方向に延びる梁の運動方程式は以下の式で与えられる[2]。

$$\rho A \frac{\partial^2 y(x,t)}{\partial t^2} + EI \frac{\partial^4 y(x,t)}{\partial x^4} = q(x,t) \tag{5.1}$$

ここで,y は y 軸方向の梁の変位であり,$q(x,t)$ は単位長さ当りの強制力である。また,A および I は梁の断面積および断面二次モーメント,ρ および E は密度および縦弾性係数である。

一般に梁構造にはさまざまな振動モードが存在するが,曲げ変形のみを考えた式 (5.1) の場合には,基準振動モードの固有角振動数を ω_m とすると,ω_m は x および t に依存せず,梁の境界条件によって決まる値をもつ。例えば,梁が両端単純支持の境界条件をもつ場合には,固有角振動数は以下のように表される。

$$\omega_m = \frac{m^2\pi^2}{l^2}\sqrt{\frac{EI}{\rho A}} \qquad (m=1,2,3,\cdots,\text{両端単純支持の梁}) \qquad (5.2)$$

5.2.2 電気機械変換効率

対向面積 S をもつ機械構造体を d_0 の間隔に置いてこの機械構造体を静電気力で駆動することを考える。電圧 $E_0+\tilde{E}$ を印加したときの可動構造の変位を x_0+x で表すと、可動構造の動的成分の運動方程式は以下のようになる。

$$m\frac{d\dot{x}}{dt} + 2\zeta m\omega_n \dot{x} + m\omega_n^2 \int \dot{x}dt = \eta_e \tilde{E} \qquad (5.3)$$

ここで

$$\eta_e = E_0 \frac{\partial C_0}{\partial d} = \frac{\varepsilon_0 SE_0}{d_0^2}\left(1+\frac{2x_0}{d_0}\right) \quad [\text{N/V}] \qquad (5.4)$$

$$\omega_n = \sqrt{\frac{k-s_n}{m}}, \qquad s_n = \frac{\varepsilon_0 SE_0^2}{d_0^3} = C_0\left(\frac{E_0}{d_0}\right)^2 \quad [\text{N/m}] \qquad (5.5)$$

であり、η_e と s_n は**電気機械変換効率**と**負スティフネス**である[3]。式 (5.5) は、バイアス電圧によって負スティフネス分だけばね定数が減少することを示している。

静的な静電容量 C_0 を含めてこの機械システムを電気回路側から見た場合、**図 5.2** に示す等価回路が得られる。図の回路パラメータと機械パラメータには以下の関係がある。

$$L_1 = \frac{m}{\eta_e^2}, \qquad C_1 = \frac{\eta_e^2}{(k-s_n)}, \qquad R_1 = \frac{b}{\eta_e^2} = \frac{\sqrt{km}}{Q\eta_e^2} \qquad (5.6)$$

これを共振器の **BVD**(Butterworth-Van Dyke)**モデル**と呼び、共振器の基本表現として重要である。

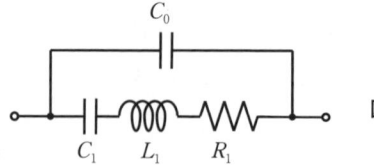

図 5.2 共振器の等価電気回路 (BVD モデル)

ω_m の角周波数をもつ正弦波の電圧を印加したとき，この等価回路の**動インピーダンス**（motional impedance）は以下のように表される．

$$Z'_m = b + j\left\{\omega_m - \frac{(k-s_n)}{\omega}\right\} = Z_m - \frac{s_n}{j\omega} \tag{5.7}$$

ここで Z_m は**機械インピーダンス**と呼ばれる量である．この動インピーダンスを用いると式 (5.3) は以下のように表される．

$$Z'_m \dot{x} = \eta_e \bar{E} \tag{5.8}$$

式 (5.8) は可動電極の速度を交流電圧と関連つけるものであり，交流電圧に電気機械変換効率を掛けた力が速度に比例することを示している．

機械振動評価においては，この機械インピーダンスを評価することが主な目標となる．

5.3　レーザドップラー振動計を利用した振動測定

レーザドップラー振動計（LDV）を用いると，式 (5.8) の振動速度を直接に測定することができる．

5.3.1　レーザドップラー振動計（**LDV**）

ヘテロダイン干渉計を利用した LDV が MEMS/NEMS デバイスの振動特性を評価するために開発されている[4]．微小な領域を測定するためにはレーザ光のビームを数 μm 以下に絞り込む必要があるが，このような狭いビームをサンプルに照射すると単位面積当りのレーザ光照射量が大きくなりすぎてサンプルが破壊される危険が生じるという問題がある．このため，レーザ照射をパルスにして連続的に大きな照射が起こらないようにしている．**図 5.3** はサンプルの微小領域の振動を測定することができる LDV 装置の全体図を示したものである[5]．この LDV 装置は，50 倍の対物レンズを使用すると，レーザのビーム径を 2 μm 程度まで絞り込むことが可能であり，対物レンズの下に置かれたサンプルのビーム径と同程度の微小領域の振動を測定することができる．この

図 5.3 レーザドップラー振動計（ポリテック社 MSA-500：ポリテックジャパン社提供)[5]

LDV を使用すると，(1) 20 MHz までの面外振動においては最大数十 pm 程度，(2) 1 MHz までの面内振動の測定においては 1 μm 程度，の分解能で振動振幅を測定することができる。しかし，LDV は本来，面外振動を高い精度で測定するものであることに注意しなければいけない。MSA-500 のビーム走査機能を利用すると，振動モードの可視化が可能であり，振動をイメージングするのに便利である。近年には，高周波化（1 GHz）と高分解能の 3 次元測定に向けた改良がなされている。

5.3.2 振動測定評価装置

図 5.4 は LDV の対物レンズの下に置かれたサンプルの設置状態を示したものである。機械振動体の振動特性を評価するには振動の減衰や温度を制御することが必要である。以下，このサンプルを入れる容器と内部の治具について筆者らが開発した装置を紹介する。

〔1〕 **サンプル支持台**　　LDV からサンプルに照射されたレーザはサンプルの表面で反射して再び振動計に返る必要がある。このため，レーザの照射方向をサンプルの振動方向に平行に設置しなければいけない。面外振動モードの

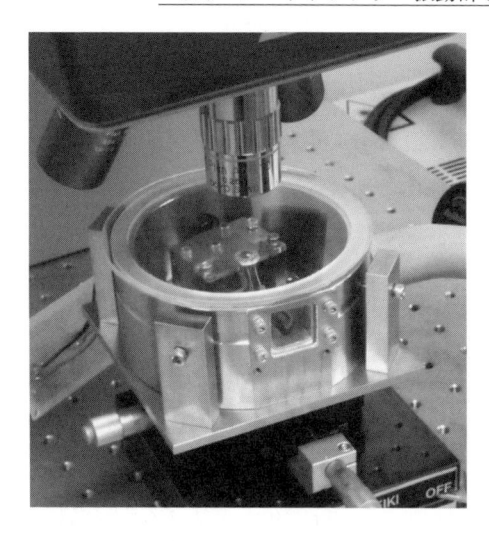

図 5.4 LDV に設置された振動特性評価装置

場合には**図 5.5**（a）に示すようにサンプルを水平に設置することにより振動速度を容易に測定できる。一方，サンプルの機械振動方向が面内振動モード（サンプル面内方向に平行）なときには，サンプルを縦置きにして振動面に垂直に位置する面に対してレーザを照射する必要がある。しかし，可動構造の近

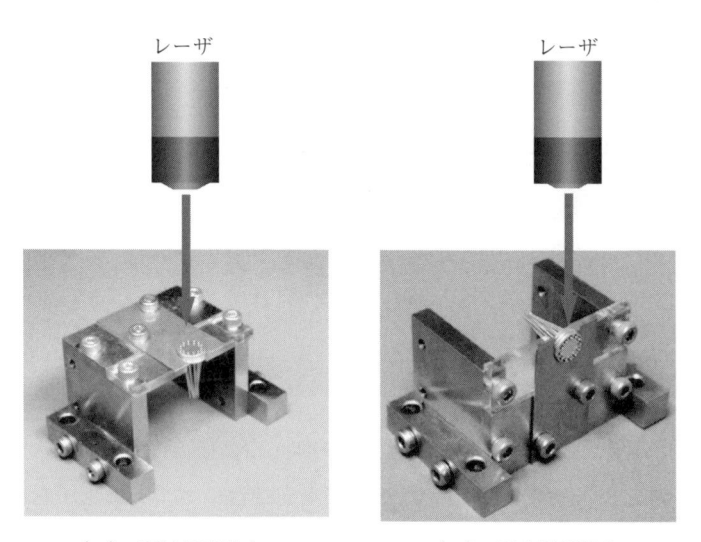

（a）面外振動測定　　　　（b）面内振動測定

図 5.5 サンプル支持台

136　　5. 動特性計測：微細なものの動的変形と振動評価

くにある固定構造がレーザ照射光の障壁となり，サンプルを鉛直方法に置くことができないことがある。このため，図（b）に示す面内振動モード計測用のサンプル固定治具ではサンプルを鉛直方向よりも数度傾けて固定し，レーザ光を固定構造と可動構造の隙間に照射するようにしている。この場合，振動振幅の測定値は実際よりも0.1％程度小さく計測されるが，この値が小さいため，実用上サンプルが鉛直に設置されていると考えてよい。

〔2〕 **小型真空槽**　機械振動は空気ダンピングの影響を大きく受けるため，圧力を制御した容器内にサンプルを入れて測定を行う必要がある。**図5.6**は試作した小型真空槽（直径120 mm，高さ44 mm）を示したものである。SUS円筒の側壁の2箇所に排気孔と電気結線用通路が設けられており，ガラス板（厚さ3 mm）で上を覆って使用する。排気孔から延びるホースにダイアフラム圧力ポンプを結合したとき，真空槽内部を10 Paの圧力に維持することが可能であった。また，拡散ポンプを結合した場合には0.1 Paの高真空を得ることができた。この真空槽内部にはメタルパッケージ（TO-5など）に実装されたサンプルの面内および面外振動測定を行うための2種類のサンプル支持台（図5.5（a），（b））を個別に設置することができる。

図5.6　小型真空槽

〔3〕 **ペルチェ温度特性評価装置**　試作した共振器の温度特性を評価するために，**図5.7**（a）に示すようにサンプル支持台にペルチェ素子を内蔵した温度特性評価装置を試作した。この装置を用いて，図（b）に示すように−40～80℃の範囲で共振器周波数の温度変動を評価することができた[6]。この図に

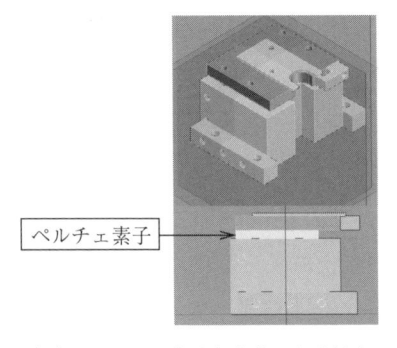

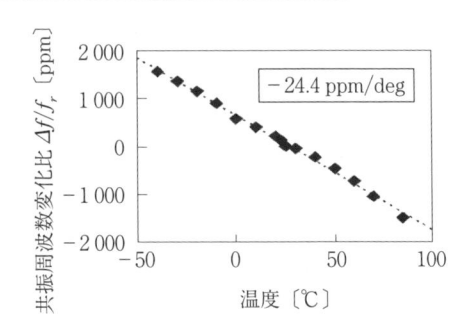

5.3 レーザドップラー振動計を利用した振動測定

(a) ペルチェ素子を内蔵した支持台　　(b) 共振器の共振周波数変化（測定値）[6]

図 5.7　温度特性評価

示すように，シリコン MEMS 共振器では温度が上昇するに従って線形に共振周波数が減少する。これはシリコン材料のヤング率の温度特性に起因したものである（式 (5.2) 参照）。

5.3.3　面内外の振動モード測定

図 5.8 (a) はシリコン基板の上に両端を固定したシリコン梁とその中央位

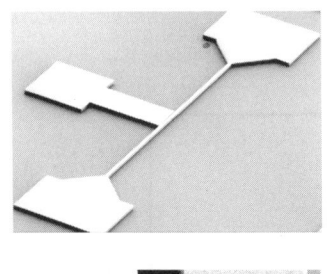

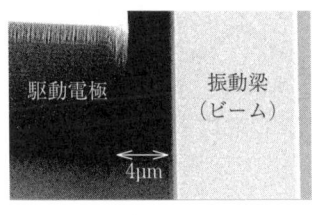

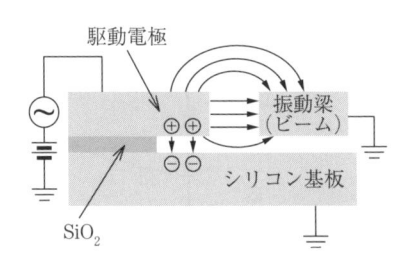

(a) 共振器の構造　　(b) 共振器断面に働く電気力線の模式図

図 5.8　シリコン MEMS 梁共振器

置に駆動電極が設けられたシリコン MEMS 共振器である（10×760×12 μm）[7]。シリコン梁が面内方向に振動するのが正常な振動であるが，図（b）に電気力線を模式的に示すように，シリコン基板の誘電体としての影響によってシリコン梁に面外振動が発生する。この面内外の振動を評価するために，前に述べた二つのサンプル支持台を使って振動測定を行った。

図 5.9（a），（b）に面内外の振動モードの測定結果を示す。これは，ポリテック社 MSA-400（MSA-500 の前身）のビーム走査機能を使って，シリコン梁の異なる位置について梁の振動を測定した結果をまとめて図示したものである。シリコン梁の面内外の振動モードが明確に理解できる。図（c）は $5V_{DC}+$

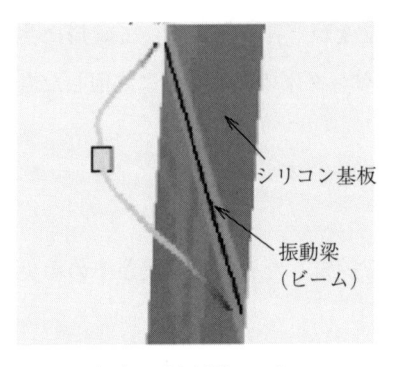

（a）面内振動モード 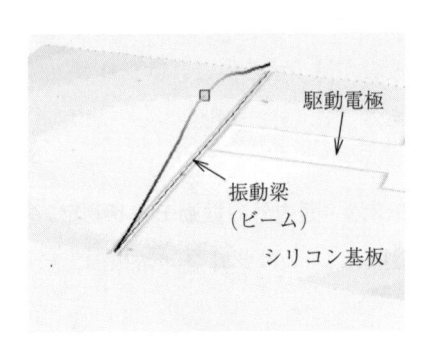　　　　（b）面外振動モード

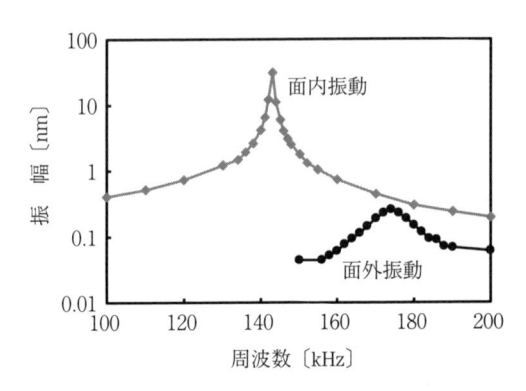

（c）振動振幅の周波数依存性

図 5.9　シリコン梁構造の面内外振動の測定値

5V_{p-p} の電圧を印加したときのシリコン梁の中央の面内外の振動振幅を周波数に対して図示したものである．これより，シリコン基板の影響によって1/100以下の面外振動が発生することが明らかになった．試作したMEMS共振器は幅10 μmで厚さが12 μmと断面が正方形に近いものであった．面外振動を抑制するには厚さ/幅の比率を大きくすることが有効であることは明白である．この他に面外振動を抑制するには，シリコン梁下部のシリコン基板を除去する（すなわちトレンチ構造を作製する）ことが有効であることが，同様の測定によって明らかになった[8]．

このMEMS梁共振器を使って空気のダンピングの影響を評価したのが**図5.10**である[7]．174 kHzの面内振動の振幅が500 Pa以上の圧力増大に従って急速に減少する様子が見られる．図にはダンピングの影響を比較するために他の共振器の実験結果[9]を含めて図示した．ダンピングによって振動振幅が減少する関係が他の共振器のものとよく一致していることがわかる．

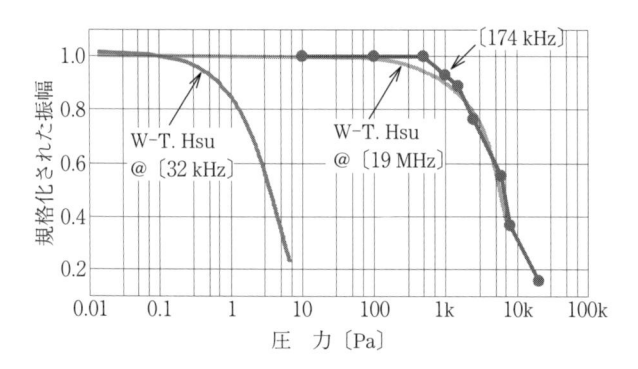

図5.10 シリコン梁構造の面内振動のダンピングによる減衰
（文献9）の実験結果を比較のために含めて図示した）

5.3.4 ねじり振動モード測定

シリコン構造体の興味深い振動にねじり振動モードがある．ねじり振動モードは，高いQ値が得られ，断面形状に対する依存性が小さいという特徴がある．**図5.11**に試作した**シリコンねじり振動共振器**を示す[6]．4本のねじり振

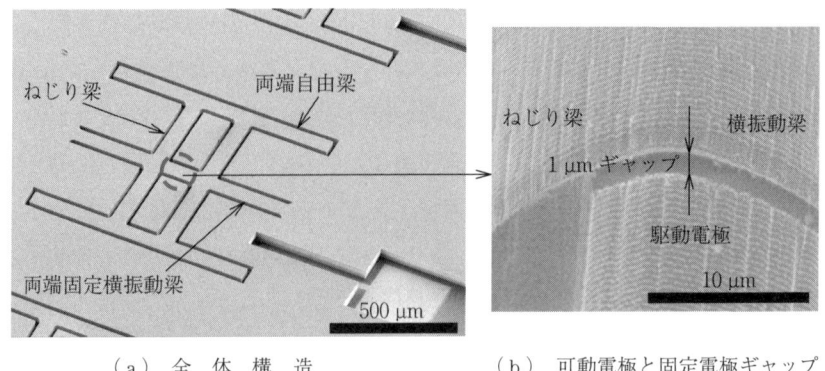

140   5. 動特性計測：微細なものの動的変形と振動評価

(a) 全体構造 　　　　　　　　(b) 可動電極と固定電極ギャップ領域の拡大

図 5.11 シリコンねじり振動共振器

動ビームは $60 \times 320 \times 26\ \mu m$ の寸法をもっている．図中の中央部の直下に固定電極が設けられており，固定電極に電圧を印加することによって，シリコン可動構造体が振動する．この構造体に $40\ V_{DC}$ と $3\ V_{rms}$ の電圧を印加したときの振動振幅のシミュレーション結果を**図 5.12**（a）に示す．種々の振動モードの中で，$10.67\ MHz$ において四つの連結棒にねじり振動モードが発生する（図（b））ことがわかる．試作した共振器についてポリテック社 MSA-500 を使って測定した振動モード**図 5.13**（a）に示す．レーザビーム径は約 $5\ \mu m$ であった．この振動モードの測定データが図 5.12（b）のシミュレーション振動モー

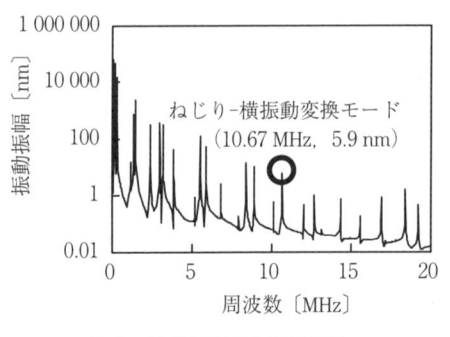

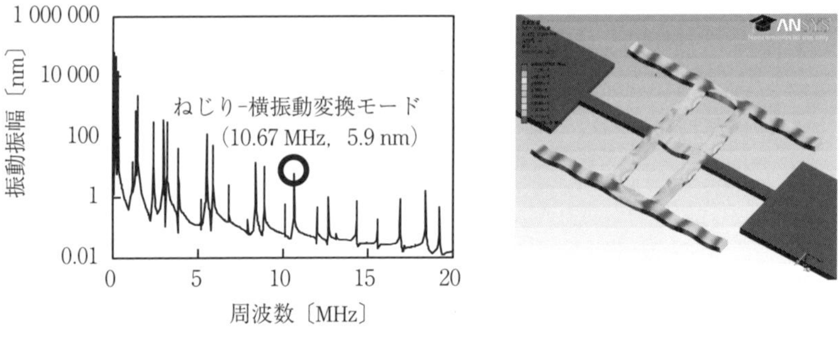

(a) 振動振幅の周波数特性 　　　　　(b) ねじり振動モード

図 5.12 シリコンねじり共振器のシミュレーション

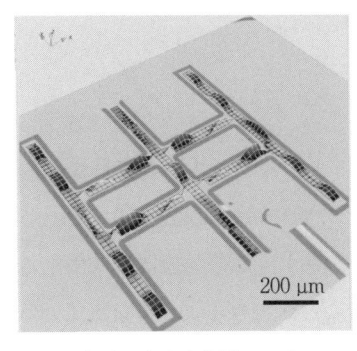

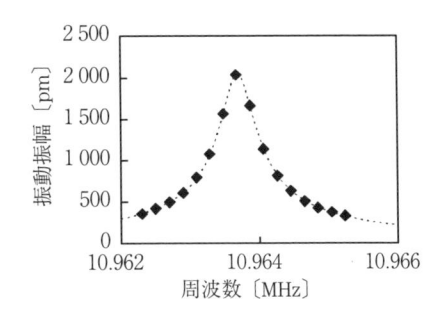

（a）ねじり振動モード　　　　　（b）振幅の周波数特性

図5.13 シリコンねじり振動共振器の実験結果

ドとよく一致していることを確かめることができる。図5.13（b）は共振器中央の面外振動振幅の周波数依存性の結果である。これより，10.96 MHzのねじり振動モードをもった共振が発生することが確かめられた。なお，この共振周波数は図5.12（a）に示すシミュレーションによる値（10.67 MHz）とよく一致している。筆者らの研究グループの経験ではMEMS共振器の振動特性の実験値はシミュレーションとよく一致していることが多い。しかし，シミュレーションモデルにおいてダンピングの影響が大きい場合には，両者の一致はよくないので注意する必要がある。

5.4　移動電極MEMS共振器の動特性

式（5.4）を見ると，電気機械変換効率がギャップの2乗に反比例することがわかる。すなわち，静電気力が発生する場所の機械構造体間のギャップを小さくすると急激に大きな力が得られ，この結果，大きな振動振幅が得られることが期待できる。現在，この**狭ギャップ効果**を利用して共振器の振動振幅を増大させるための研究開発が進んでいる。しかし，狭ギャップにするほど共振器を作製することが難しくなるという問題がある。この課題を解決するために，ポストプロセスの方法によって狭ギャップを実現する「移動電極」の手法が開発

されている[10]。

5.4.1 移動電極の原理

図5.14は**移動電極**をもつ共振器の原理を示すものである。共振器を作製したときには,可動構造と移動(固定)電極との間にはg_0のギャップがあった(図(a))。通常の共振器では固定電極は動かないが,この共振器では固定電極がg_1の距離だけ可動電極の方向に移動させることができるようになっている。この図ではg_1は移動電極とストッパとの距離である。この移動の結果(図(b)),可動構造と移動電極との間のギャップが$g_2(=g_0-g_1)$に変化して,初期のギャップg_0よりも小さくなった。

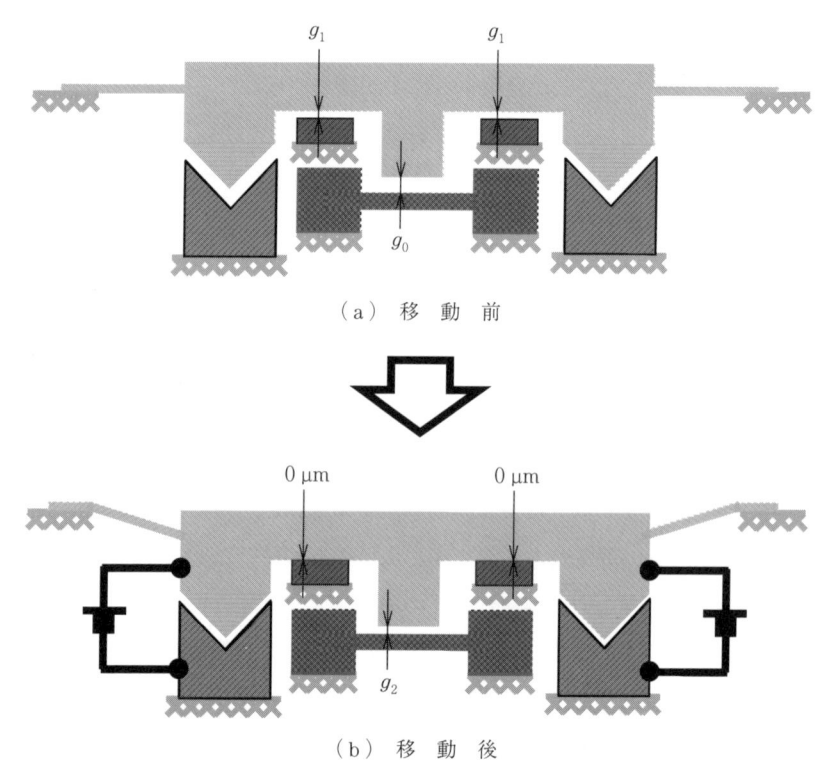

(a) 移 動 前

(b) 移 動 後

図5.14 移動電極の原理を示す模式図

5.4.2 シリコン梁共振器

図 5.15 に試作した**シリコン梁共振器**を示す[11]。可動電極は $10 \times 300 \times 20\ \mu m$ の寸法をもったシリコン梁である。可動構造の下の基板には面外振動を抑制するためにトレンチ構造が作製されている。移動電極は左右の折返しばねによって基板の上に浮いた状態として作製されている。今回,移動電極と可動構造の初期ギャップを $4\ \mu m$,また移動電極とストッパの初期ギャップを $3\ \mu m$ になるように設計した。移動電極の原理を利用することにより,$1\ \mu m$ ギャップ(厚さ $20\ \mu m$)の狭い間隔を実現することができる。なお,移動電極を用いずにこの狭くて深いギャップを作製するのは容易ではないことに注意すべきである。

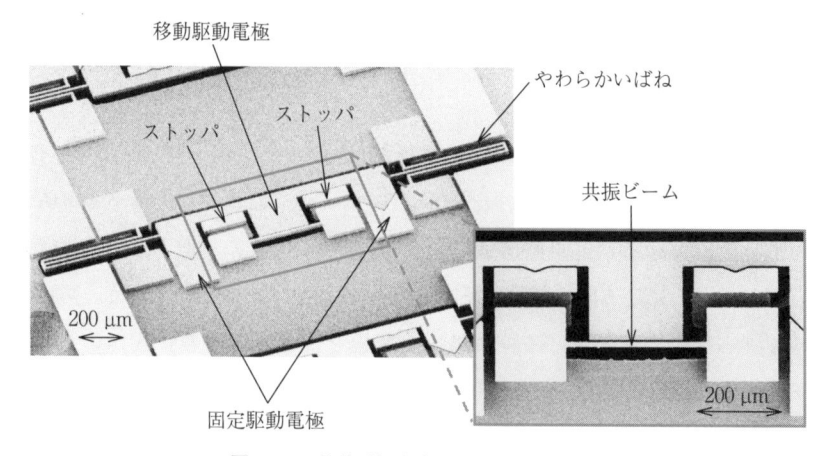

図 5.15 移動電極をもつシリコン梁共振器

移動電極の移動前後における可動電極の振動特性の測定結果を**図 5.16** に示す。共振器には $0.5\ V_{DC}$ と $0.05\ V_{p\text{-}p}$ の電圧を印加して測定を行った。この結果より,狭ギャップ効果によって振動振幅が 17.5 倍増大したことがわかる。一方,狭ギャップ効果による振動振幅の増大は理論的に 16 倍と見積もることができることから,振動特性の測定値が理論とよく一致していることがわかる。なお,この振幅増大率の数値の差異については,作製したギャップ寸法の誤差が原因である。ギャップ寸法の評価方法については後述する。

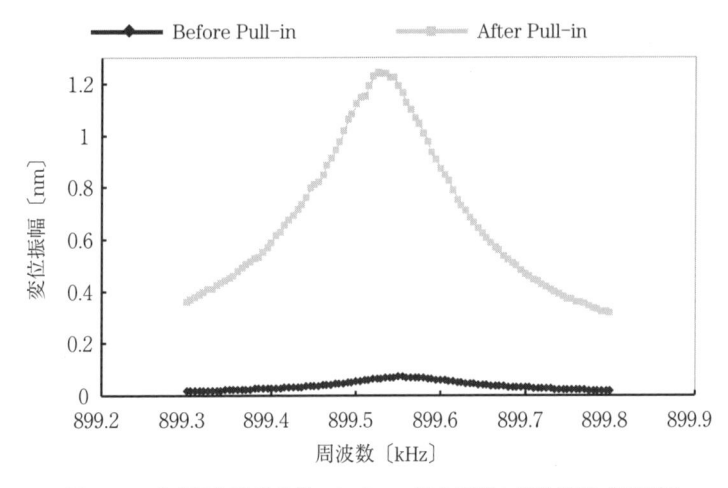

図 5.16 移動電極移動前後のシリコン梁共振器の振動振幅（測定値）

5.4.3　12MHz ラメモード MEMS 共振器

図 5.17 は高周波用 MEMS 共振器であり，前に述べた単純な梁構造よりも複雑な形状をしている[12]。可動構造は図 5.18 に示すように，上下方向および左右方向のたがいに逆方向に伸縮する**ラメモード**と呼ばれる振動を行う。可動構造の 4 隅の振動の節が生じる位置に可動電極を支えるためのサスペンションビームが形成されている。この共振器では可動構造板自体の伸縮を利用するた

図 5.17　12 MHz シリコンラメモード MEMS 共振器

5.4 移動電極 MEMS 共振器の動特性　　*145*

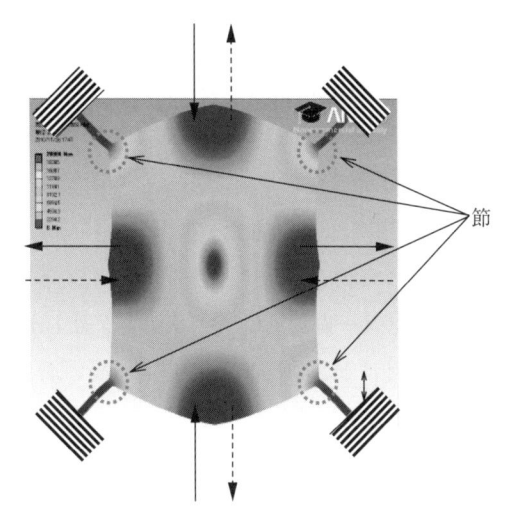

図 5.18　ラメ振動モード（シミュレーション）

め，ばね定数が大きく，この結果，高い共振周波数が得られる．他方，振動振幅が小さいという課題をもっている．この振動振幅を増大させるために，前節で述べた移動電極を利用することにした．

図 5.19 に移動電極をもつ共振器構造の平面図を示す．可動構造は対角線方

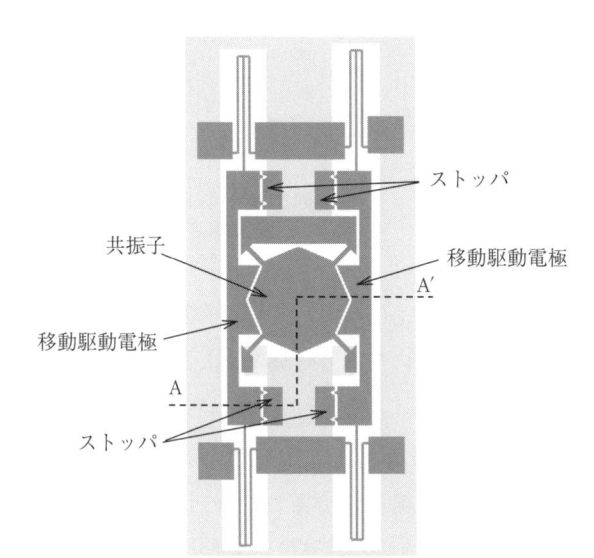

図 5.19　移動電極をもつ共振器の平面構造

向に 347.4 μm の長さと 20 μm の厚さをもつ八角形構造の板である．可動構造の左右両側に二つの移動電極が設けられており，ストッパに衝突するまで可動構造の方向に移動させることができる．**図 5.20** は共振器片側の移動電極に印加する電圧と LDV のレーザ光の照射位置を示したものである．今回，移動電極に印加する直流電圧を利用して移動電極をストッパに接触させた状態を維持することにした．このため実験では $58\,\mathrm{V_{DC}}$ の高いバイアス電圧を使用した．測定に用いたレーザドップラー振動計は，ポリテック社 UHF-120 である．このレーザドップラー振動計は $1.2\,\mathrm{GHz}$ までの非常に高い周波数をもつ振動を測定することができる．他方，使用している AD/DA コンバータの制限から低周波において周波数分解能が粗くなるという課題がある．

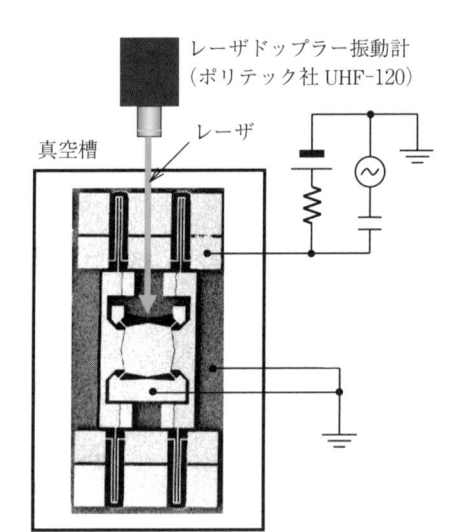

図 5.20 共振器の振動測定方法

この測定系による測定結果を**図 5.21** に示す．図 (a) は移動電極が移動する前の振動振幅の周波数依存性を示したものであり，$58\,\mathrm{V_{DC}}$ に $1.4\,\mathrm{V_{0\text{-}p}}$ の電圧を重畳して可動電極を駆動した結果である．一方，図 (b) は移動電極の移動後の振幅を示したものであり，$58\,\mathrm{V_{DC}}$ に $0.05\,\mathrm{V_{0\text{-}p}}$ の電圧で駆動を行って得られた測定値を，比較のために，$1.4\,\mathrm{V_{0\text{-}p}}$ に線形に倍増した値を示したものである．狭ギャップ共振器では駆動電圧が大きいと容易に非線形応答を示すため，

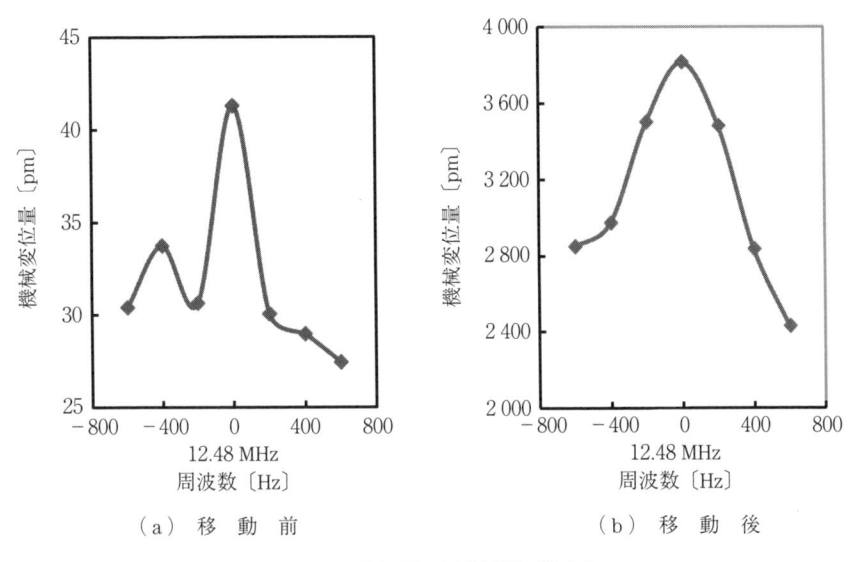

図 5.21 共振器の振動振幅の測定値

(a) 移動前　(b) 移動後

このような方法で比較することにした．図より，移動電極の移動により，振幅が92倍大きくなったことがわかる．この振幅の増大が狭ギャップ効果によるものかどうかは共振器ギャップの測定評価を行うことが必要であるが，後述するように，今回の振動振幅の増大は移動電極の移動による狭ギャップ効果によって生じたと考えることができる．

5.5 振動特性の電気的評価

共振器は図5.2に示した等価電気回路によって表現できることを述べた．この図の二つの端子の間の電圧と端子に流れる電流を測定することによって，共振器の振動特性を電気測定によって評価することができる．

5.5.1 インピーダンス測定

図5.2に示した等価回路の下側のアームが機械振動を表したものである．MEMS共振器では，通常，このアームのインピーダンスは上側のアーム（C_0）

のインピーダンスに比較して著しく大きい。この他に、等価回路の端子に結合される配線の寄生容量成分の影響が大きく作用することから、機械振動部分の電気インピーダンスを測定するには注意が必要であり、以下のような対応策がある。

(1) **配線の寄生容量の抑制**　図 5.22 (a) は**シールデッド 4 端子法**と呼ばれる構成を示したものであり、これにより 4 本の同軸ケーブルを使って配線に発生する寄生容量を抑制することができる[13]。

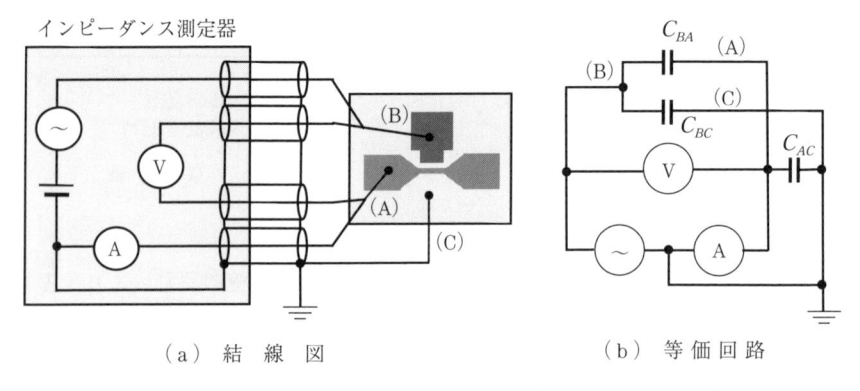

(a) 結　線　図　　　　　　　(b) 等　価　回　路

図 5.22　シールデッド 4 端子法によるインピーダンスの測定方法

(2) **デバイス内の寄生容量 (C_0) の抑制**　図 5.22 (b) は、図 (a) に示す交流信号成分の等価電気回路である。インピーダンスアナライザでは電圧測定の低電圧側が仮想接地となるように構成されている[13]。このため、電流測定回路は C_{BA} を流れる電流のみを検出することになる。すなわち、図 (b) に示す共振器デバイスと基板との寄生容量 (C_{AC} および C_{BC}) の影響を除去することができる。共振器デバイスでは C_{BA} は他の基板との寄生容量に比べて非常に小さいことから、この測定方法は共振器の C_0 を減少させるのに役立つ。

(3) **C_0 の消去**　インピーダンスアナライザのオープン・ショート補正の機能を使用すると、共振器に交流電圧を印加する前の C_0 の測定値を交流電圧印加後の測定値から差し引くことができる。しかし、このよう

5.5 振動特性の電気的評価

な補正を行っても等価回路の機械振動アームのインピーダンスが非常に大きいために，C_0 を完全に除去することは困難である。

図 5.23 は先に述べた移動電極ラメモード共振器の電気インピーダンスを測定するための測定構成を示したものである。電極を移動させるために移動電極にバイアス電圧 V_B を印加し，またこの電圧からインピーダンスアナライザの端子を保護するためにキャパシタ C_B を挿入した構成になっている。共振器を $58\,\mathrm{V_{DC}}$ に $0.5\,\mathrm{V_{rms}}$ の交流信号を重畳させた信号で駆動したときの測定結果を図 5.24 に示す[12]。移動電極が移動する前の大きなギャップのとき（Before Pull-

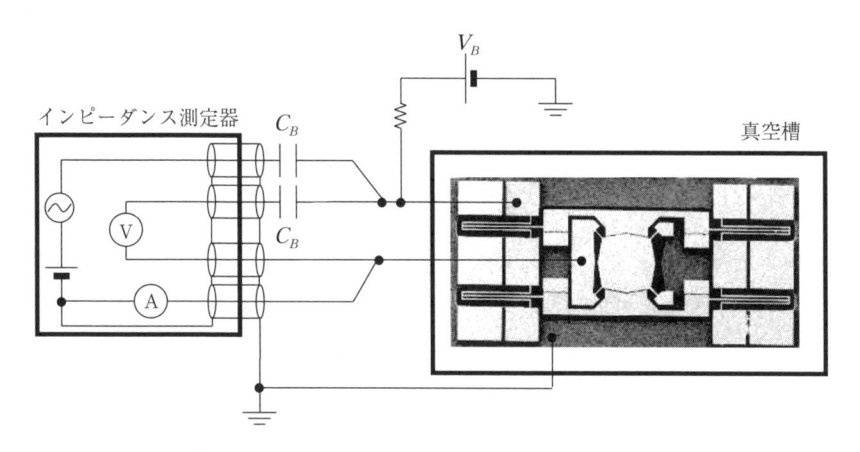

図 5.23　移動電極共振器のインピーダンス測定方法

（a）インピーダンスの絶対値　　　（b）位　相

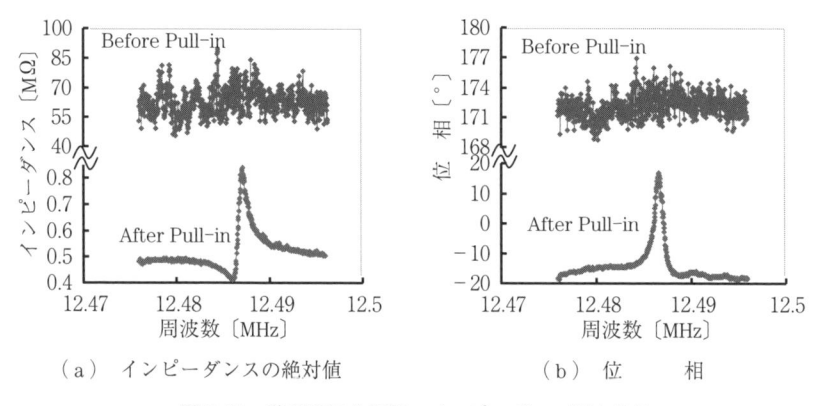

図 5.24　移動電極共振器のインピーダンス測定結果

in)には，共振器のインピーダンスはノイズに埋もれて測定することができなかったが，移動電極の移動後（After Pull-in）には共振周波数においてインピーダンスの絶対値が 411 kΩ と大幅に減少し，また，40°の位相変化も観測できるようになった。なお，この実験結果を見ると，共振器の振動特性に C_0 の影響による反共振が観測されている。反共振は LDV の測定では発生しないものであることに注意されたい。

5.5.2　狭ギャップ測定

共振器の可動構造と固定電極との間のギャップを評価する方法について述べる[11),12)]。

シリコン MEMS 共振器はシリコン基板を深堀 RIE（reactive ion-assisted etching）ドライエッチング装置を使用したエッチングにより作製される。このため，共振器側壁は 0.1 μm ほどの凹凸をもっている。ここでは，共振器の電極間のギャップをこの側壁間ギャップの平均と考えて評価することにする。

ラメモード共振器の二つの移動電極に電圧を印加して電極を移動させたときの，静電容量変化の印加電圧に対する測定値を図 5.25 に示す。印加電圧を増大させると移動電極がストッパに接触した状態（Pull-in）になるまで，静電容

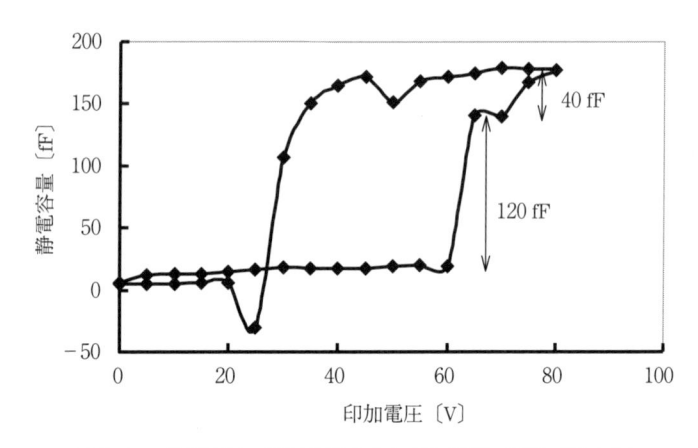

図 5.25　移動電極の静電容量変化と印加電圧の関係（測定値）

量が増大する.特に Pull-in 寸前には静電容量が急速に増大する[14].この測定では 60 V と 70 V のそれぞれの印加電圧に対して 120 fF と 40 fF の 2 段階の Pull-in が観測された.これは二つの移動電極のおのおのがストッパに個別に接触したからと推定される.一方,印加電圧を減少させると静電容量が減少し,ある電圧を境にして静電容量が急激に減少する(Release).このとき移動電極はストッパの接触から急速に離れることになる.

　この静電容量変化の測定値は移動電極のギャップ変化に対応していることは明らかである.一方,移動電極のギャップ変化は光学顕微鏡を使って測定することができる.これら移動電極のギャップ変化の測定値と静電容量変化の測定値を平行平板キャパシタの理論値から計算した静電容量-ギャップ(C-G)の特性曲線の上に置いたのが**図 5.26** である.この曲線上に測定した静電容量変化とギャップ変化をプロットすることによって,移動電極の移動前後のギャップの値を評価することができる.fF という小さな静電容量においてはその絶対値を測定することは容易ではないが,この評価法においては,静電容量の絶対値を必要としないことは注目すべきことである.

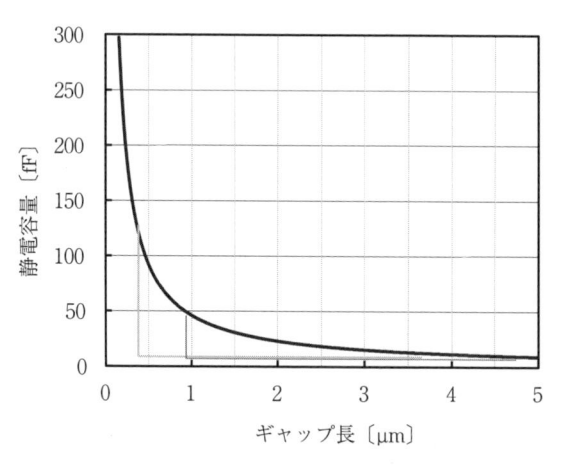

図 5.26 平行平板キャパシタの静電容量とギャップの関係
（二つの移動電極の静電容量変化と移動距離の測定値がプロットされている）

5.5.3 測定比較

図5.26の狭ギャップ測定の結果から，一つの移動電極が移動前後で3.35 μmから0.34 μmmのギャップに縮小したことがわかった[12]。また，他方の移動電極は移動前後で3.80 μmから0.85 μmのギャップに縮小した。この値と式(5.4)を使って電気機械変換効率を計算すると，振幅が平均で64倍に増大することが期待される。一方，図5.21に示したように，LDV測定から振幅が92倍に増大することが観測されており，この狭ギャップ効果の予想とほぼ一致している。なお，狭ギャップ効果について実験値と計算値に差異が発生する原因として，移動電極が可動電極方向に平行に移動せずに斜めに移動した可能性を検討した[12]。この場合，移動電極と可動電極との間のギャップの一部が上記で見積もったギャップよりもさらに小さくなることが起こる。このような原因によって電気機械変換効率の測定値が計算値よりも大きくなったと考えられる。なお，図5.24において移動前の移動電極をもつ共振器のインピーダンス測定ができなかったのに対して，図5.21（a）に示すようにLDVによる測定が可能であったことは注目される。しかし，これにより，LDV測定が電気測定よりも分解能が高いと短絡的に結論すべきではない。むしろ，電気測定において寄生容量除去の電気測定技術の向上が要求されていると考えるべきである。

以上，レーザドップラー振動計を使用した機械振動特性評価法とインピーダンスアナライザを使用した電気的振動特性評価法を述べた。当然のことながら両者は共振周波数をはじめとする振動特性においてよく一致した値を示す。しかし，電気的評価法では寄生容量を十分に抑制することが必要であり，また，この寄生容量によって共振の他に反共振が観測される，という複雑な様相が観測される。一方，機械振動特性評価法は測定が容易であるが，測定装置が大きいという課題をもっている。

5.6　機械連結ジャイロスコープの動特性

スマートフォンに搭載されて以来，回転速度を計測する**シリコンMEMS**

5.6 機械連結ジャイロスコープの動特性   153

ジャイロスコープは飛躍的に利用が増大している。現在，ジャイロスコープは多機能化の方向に研究開発が進んでいるが，建造物の健全性診断などの安全社会実現のためにはさらなる高感度化が必要である。本節では機械連結によって感度増大を実現するジャイロスコープアレイの評価方法について述べる。

5.6.1 振動型ジャイロスコープ

実際の**振動型ジャイロスコープ**は，駆動用振動体と（その中央の空間に）検出用の機械振動構造体が設けられた構造をもっているが，**図 5.27** では，振動型ジャイロスコープの駆動部分の構造のみを示している。二つのジャイロスコープのおのおのの駆動部の機械要素は，その振動速度を大きくするために，共振周波数付近で振動するように設計されている。このジャイロスコープ機械要素は中央にある**結合ばね**（coupling springs）によりたがいに機械的に連結されており，おのおのが櫛歯駆動電極により左右反対方向に振動する。中央の

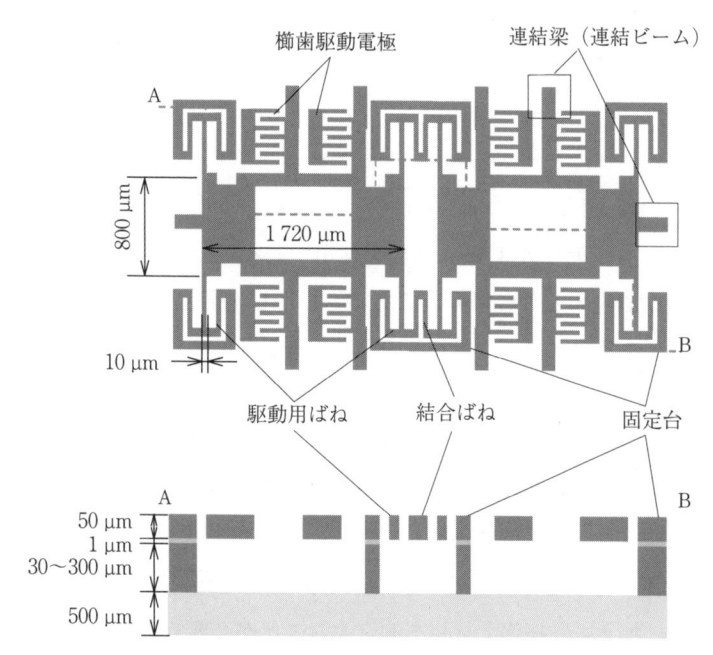

図 5.27 振動型シリコン MEMS ジャイロスコープの構造（駆動構造のみに限定）

結合ばねは，おのおのの機械要素に左右反対方向の振動モードを与える機能をもっており，直線方向の運動がたがいに相殺されるため，ジャイロスコープが回転成分のみを検出するのに役立つ．

ジャイロスコープの感度を増大するには，検出用機械構造体の寸法を大きく設計するとよい．これは，検出用機械構造体の静電容量が増大するために回転速度によって生じる静電容量変化が増大するためである．しかし，機械構造体の寸法が増大すると慣性質量が増大することから，共振周波数が低減するという問題がある．これを補償するためにばね定数を低減することも可能であるが，デバイスが破壊されやすくなる．われわれはジャイロスコープをアレイ化したデバイスを作製することにより，共振周波数を高く保ったまま，ジャイロスコープの感度を増大させる手法を検討した[15]．このためには，ジャイロスコープアレイの個々のジャイロスコープ要素の振動特性（共振周波数，振幅，および位相）をそろえることが重要になる．おのおののジャイロスコープ要素の振動特性をそろえるために，図5.27に示すような左右および上下に延びる**連結ビーム**（connecting beams）を用いたジャイロスコープの機械連結構造の設計を行った．

5.6.2　振動測定法

先に述べたポリテック社MSA-500を使用するとジャイロスコープの3次元振動を容易に測定することが可能である．しかし，通常の一方向LDV装置を使用してもジャイロスコープアレイの振動特性を評価することができる．

図5.28はジャイロスコープの振動特性を評価する装置の構成を示したものである．通常の振動特性を評価するには，レーザドップラー振動計（ポリテック社NLV-2500）の出力にスペクトルアナライザ（ROHDE&SCHWARZ社FSV）を接続して測定を行う．ROHDE&SCHWARZ社R&S FSVは1Hzの高分解能で周波数を計測することができる[16]．しかし，機械連結の振動特性を評価するには周波数に加えて，振幅と位相を測定することが必要である．筆者らの研究グループは，ジャイロスコープアレイのおのおのの機械要素の振動特性を評価

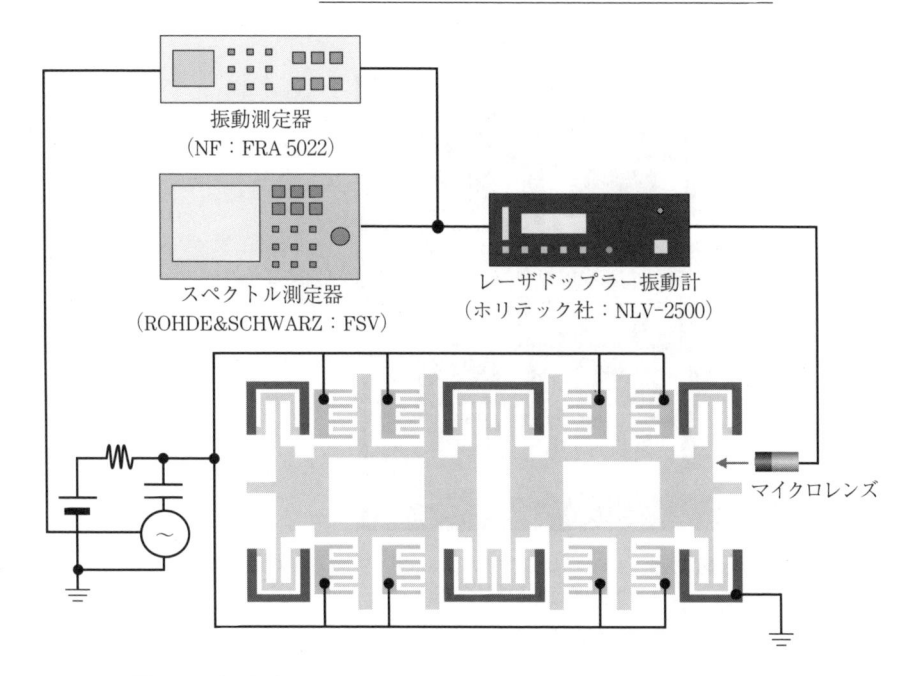

5.6 機械連結ジャイロスコープの動特性　　155

図 5.28 振動型 MEMS シリコンジャイロスコープアレイの評価システム

するのに，レーザドップラー振動計の出力を NF 社振動分析計（FRA 5022）に接続した。この振動分析計はファンクションジェネレータの駆動信号を入力としてこの入力信号を基準にした位相差と振幅の情報を出力するものであり，0.6°の位相差分解能をもっている[17]。

5.6.3　2×2 ジャイロスコープアレイ

図 5.29 は試作した 2×2 ジャイロスコープアレイの駆動部を示したものである[15]。ここでは，シリコン振動構造の厚さは 50 μm とした。アレイの駆動のために櫛歯電極に $5\,\mathrm{V_{DC}}$ と $1\,\mathrm{V_{p-p}}$ の電圧を印加し，4 個の機械要素のおのおのに対してその振動特性を評価した。この測定は大気中で行った。**図 5.30**（a）に振動振幅の周波数特性を示す。測定では 2 Hz の共振周波数の相違が観測されたが，4 個の機械要素のそれぞれの振動特性がよく一致していることが確認できる。これらアレイの共振周波数は単一のジャイロスコープの共振周波

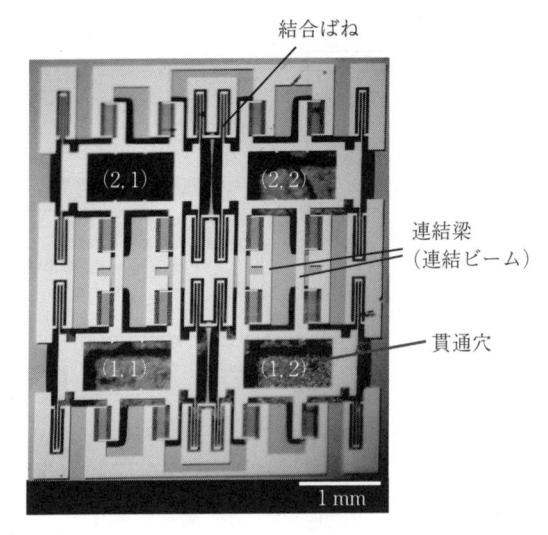

図5.29 2×2振動型シリコンMEMSジャイロスコープアレイ（駆動部に限定）

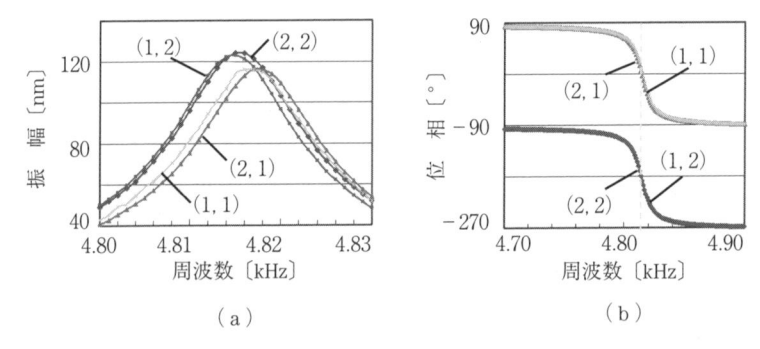

図5.30 2×2振動型MEMSシリコンジャイロスコープアレイのおのおのの振動特性（測定値）

数の測定値よりも50Hz低くなった。これは，試作したプロセス条件が異なっており，アレイ構造のサンプルではエッチング時間が長かったためにばねが細くなったためであると推定される。このようにプロセス条件によって振動特性が変化するという特徴があるにもかかわらず，アレイ構造のおのおのの振動特性がそろっているのは注目すべきことである。図5.30（b）は4個の機械要素のおのおのの位相差を周波数に対して示したものである。(1,1)と(2,1)，およ

び $(1,2)$ と $(2,2)$ の位置にある機械要素の位相特性がよく一致していること，また，$(1,1)$ と $(1,2)$，あるいは $(2,1)$ と $(2,2)$ が逆方向に振動していること，がわかる．以上の結果より，設計した機械連結構造のジャイロスコープアレイの振動特性がよくそろっていることが確認できた．

5.7 お わ り に

　MEMS/NEMS 機械構造体の振動特性の評価方法とそれを利用したいくつかの測定結果を述べた．10 μm 程度の微小な構造体の振動特性の評価には，LDV を使用した機械的評価法とインピーダンスアナライザ（あるいはネットワークアナライザ）を利用した電気的評価法を適用することができる．機械的評価法は機械の振動特性を直接に評価できるという特徴があるため，機械の振動モードを観察することができる．このため，電気的評価法の測定結果と結び付けることにより，微小な機械構造体の振動をよく理解するのに役立つ．

　本章では，エネルギー損失機構が複雑でない場合には，コンピュータシミュレーションにより実際の振動特性がよく再現できることを述べた．しかし，構造体の寸法が μm 程度まで小さくなるとプロセスばらつきの影響が非常に大きくなり，コンピュータシミュレーションに正確な形状モデルを提供できにくくなるという問題が起こる．このため，実際のデバイス測定が試作デバイスの特性を評価するのにますます重要になっている．

　また，本章では LDV を使用した評価法を述べた．この LDV による測定も構造体の寸法が小さくなるに従ってレーザビーム径を小さくしなければいけないことから，微小な構造に対して評価がますます困難になるという課題がある．現在，細く絞ったレーザ光ではなく，サンプルの広い領域に照射した光の干渉を利用した評価技術の開発が進められている．高周波化が課題であるが，今後の発展に注目したい．

引用・参考文献

1) C.T.-C. Nguyen：MEMS Technology for Timing and Frequency Control, IEEE Trans. on Ultras., Ferroel., and Freq. Cont., **54**, 2, pp.251-270（2007）
2) W. Weaver, Jr., S.P. Timoshenko and D.H. Young：Vibration Problems in Engineering, John Wiley & Sons, New York（1990）
3) 西山静雄，池谷和夫，山口善治，奥島基良：音響振動工学，コロナ社（1979）
4) C. Rembe and A. Draebenstedt：Laser-scanning confocal vibrometer microscope：Theory and experiments, Rev. Science Instruments, **77**, 083702（2006）
5) ポリテックジャパン：http://www.polytec.com.jp/
6) M. Kiso, M. Okada, A. Tamano, H. Fujiura, H. Miyauchi, K. Niki, H. Tanigawa and K. Suzuki：MEMS Resonator Utilizing Torsional-to-Transverse Vibration Conversion, Japanese Journal of Applied Physics, **50**, pp.06GM03：1-7（2011）
7) T. Ishino, S. Makita, H. Tanigawa and K. Suzuki：Characteristics of Three-Dimensional Resonant Vibration in a MEMS Silicon Beam Resonator, IEEJ Transactions on Sensors and Micromachines, **129**, 9, pp.289-294（2009）
8) T. Ishino, H. Tanigawa and K. Suzuki：Suppression of out-of-plane vibration for a Silicon MEMS Resonator, Proceedings of the 26th Sensor Symposium, Tokyo, The Institute of Electrical Engineers of Japan, pp.260-263（2009）
9) W-T. Hsu：Vibration RF MEMS for Timing and Frequency References, Dig. IEEE MTT-S 2006 International Microwave Symposium, pp.672-675（2006）
10) D. Galayko, A. Kaiser, L. Buchaillot, B. Legrand, D. Collard and C. Combi：J. Micromech. Microeng, **13**, 134（2003）
11) T. Oka, T. Ishino, H. Tanigawa and K. Suzuki：A Silicon Beam MEMS Resonator with a Sliding Electrode, Japanese Journal of Applied Physics, **50**, pp.06GH02：1-8（2011）
12) T. Okamoto, H. Tanigawa and K. Suzuki：Lame-Mode Octagonal Microelectromechanical System Resonator Utilizing Slanting Shape of Sliding Driving Electrodes, Japanese Journal of Applied Physics, **51**, pp.06FL06：1-7（2012）
13) Agilent Technologies：インピーダンス測定ハンドブック（2003）
14) 鈴木健一郎：RF-MEMS の設計と製作技術，リアライズ理工センター（2006）
15) Y. Miyake, M. Hirata and K. Suzuki：Mechanical Vibration Characteristics for the Driving Part in Array of Microelectromechanical Systems Vibratory Gyroscopes, Japanese Journal of Applied Physics, **51**, pp.097201：1-8（2012）
16) ローデ・シュワルツ・ジャパン：http://www.rohde-schwarz.co.jp/
17) エヌエフ回路設計ブロック：http://www.nfcorp.co.jp/

6 微細なものの接着・接合強度評価

6.1 はじめに

　ばらばらのものをつなげたり固めたりすることによって一つのものにする技術は，人間ばかりでなく動物や昆虫にとっても生まれながらに身に付いた必要不可欠なものである。鳥獣や昆虫の巣は木や草を自然の接着剤で固め，蝶や蛾はさなぎになるときに繊維や木の枝葉を接着して繭をつくる。人間は石や木を接合して道具をつくり，砂を焼き固める方法を見つけて須恵器や陶器をつくり，接着剤として膠や漆を用い，砂や石を接着するセメントを発明して大きな構造物をつくる。このように接着や接合技術は有史以前から用いられ，経験的に接合強度を定性的に評価してきた。しかし，目に見えないほど小さく，微細なものをつくるためには新たな材料と組立て技術としての接着・接合技術の開発・発展が不可欠である。これを実現するためにはその優劣を定量的に判断する計測・評価方法，特にその評価結果を設計に用いることができるようにする技術が必要であろう。

　従来からある小さなものの評価法は特定の分野で経験的に用いられていたものが大部分であり，扱うものが微細であっても，微細なものを設計するのに用いることができるほど定量的な評価法は少ない。ここでは接着・接合強度の考え方を解説するとともに，一般的に用いられている ISO や IEC，JIS などの規格を整理して紹介し，定量的な評価方法と考えられる最近の国際規格や評価法について述べていく。

6.2 微小構造物作製と接着・接合技術について

6.2.1 接着,接合,密着,付着

　一般にものとものをくっ付けることを表す代表的な言葉として,**接着**(bonding, adhesion),**接合**(jointing, bonding),**密着**(adhesion),**付着**(adhesion, sticking)などさまざまな用語が用いられてきた。これらは明確に分類することが難しく,分野によっては微妙に意味が異なることもある。例えば接着は一般に被着材の間に接着剤と呼ばれる液状または粘性の第三物質を挟み,これが固化することを用いた固定方法と考えられている。接着剤には糊(のり)などとともにはんだ,コンクリート,モルタルやアスファルトなども含まれる。それに対して接合はねじやはんだなどを用いてパイプをつないだり,原子や分子の熱拡散や相互の混入(摩擦撹拌(かくはん)接合など)によって板などを相互に固定したりすることを意味するが,接着剤による固定を含む場合もある。密着についても同様で,一般には二つのものが固定はされないが隙間なくくっ付いているだけであると考える場合が多いが,固定されているにもかかわらず密着強度という言葉を用いる分野(例えばJIS H 8504めっきの密着性試験方法),あるいは密着ではなく付着という言葉を用いる分野(JIS R 3255ガラスを基板とした薄膜の付着性試験方法)などもある。このようにおのおのの言葉が意味する定義が分野によっては重複しており,その境目が曖昧となっている。小さいものをつくる場合,基板上に作製されためっき層や蒸着膜が材料となり,そのまま基板上で歯車,ばねやスイッチなどの微細部品になる。そのため,微細部品には,さまざまな接着・接合・密着部分が存在する。本章では対象とするものが微細になるため,ものをくっ付ける言葉の定義を明確にしておく必要がある。

　そこで,ここではおのおのの言葉をつぎのように定義して用いることとする。

接着:接着剤を用いて二つ以上のものを相互に固定すること。

接合:接着剤を用いず二つ以上のものを相互に固定したり,つなげたりすること。

密着：二つのものが隙間なくくっ付いている状態であるが相互に固定はされ
　　　ていない。

なお，ここで述べる微細とは従来の一般的なものの 1/100〜1/10 000 の寸法，およそ寸法が 100 μm〜サブミクロンのものを指しているが，技術の発展とともに nm オーダーになるものもある．大きなものに固定したり組み上げたりした微細構造物も含む．

6.2.2　微細なものの接着・接合とは

　古来より二つ以上の被着材と呼ばれる物質を接着剤で固定する技術は存在しており，割れた陶器茶碗に漆を用いて補修する金継ぎ，あるいは家具や装飾品を膠で組み立てる技術などが用いられてきた．また薄膜の接着としては，金箔を微細に切って接着剤で仏像や調度を飾る截金（切金とも書く，あるいは細金ともいう），水銀のアマルガムとして仏像や建築物の装飾金具にめっきする技術なども古くから用いられてきた．これらは，下地に貴金属の薄膜をデザインして張り付けて鎧などの武具，調度などを装飾する金銀象嵌などのさらに微細な加工技術へと発展してきた．しかしものが小さくなるに従って金属や樹脂などの異種材料を接着・接合して一体化するための糊代やねじ止め用のフランジ，ボルトとナットなど強度を維持する部分が微小化には大きな障害となってきた．

　近年になり，従来は防錆，表面強化や装飾が目的であっためっきや蒸着などの表面処理技術を応用して，基板上に積層させた薄膜で微細な歯車やばねなどの機能部品を作製する多種多様なマイクロ加工技術が確立された．さらに任意の異種材料を一体造形できる 3D プリンタ技術の飛躍的な向上によって，高精度で素材供給から部品成形，接着や接合，組立てまでを同時に行うことが可能となってきている．この技術を用いれば，2 次元的な薄膜製造技術では難しい複雑な 3 次元的形状の微細構造部品の作製が容易に実現できる．このような基板上に積層させた薄膜で微細部品を作製する技術は，半導体素子や MEMS など動く超微細機械部品をつくる技術へ用いられている．それとともに従来は装

飾や表面処理として用いられてきためっきや蒸着は，MEMSの製造においてはマイクロ・ナノ寸法の材料生成，部品作製と接着・接合による部品の組立てを同時に行う技術となっている。このためMEMS内には薄膜-基板間，薄膜-薄膜間の接着・接合部分が多数存在している。したがって，MEMSの安全性・耐久性評価のためには，微細部品に多数存在する各種界面の接着・接合強度を評価する必要がある。

マイクロ・ナノ寸法の接着・接合技術は，半導体素子のように動かない配線や電子素子の固定ばかりではなく，MEMS素子のように動く部品の固定などますます高度な技術を要するものであり，接合する対象も接着剤を用いないで薄膜作製技術によってシリコンや金属主体の構造からポリマーやガラスなどの異種材料を積層させるハイブリッド接合構造となってきた。

これに対して，これらの微細構造物に対する接着・接合の評価方法の考え方は，通常寸法のものを対象に現在用いられている接着・接合評価方法と基本的には変わっていない。しかしミクロン～サブミクロンオーダーの微細さゆえに，従来の評価法をそのまま用いること自体が難しい。寸法が微細であるために試験片保持方法や超微小な荷重や寸法に対する計測方法が確立されておらず，微細構造物に対する接着・接合の評価方法の開発はいまだ未開拓である。このような超微細な接着・接合の設計に反映できる定量的評価法の開発は，高精度・高信頼度の機器を製造する上でも，さらには工学的にも緊急の課題である。

一方，微細になると，接着・接合は単なる固定方法や結合方法ではなく，力や変位の伝達機構などの機能としての役割も顕著になってくる。小さな部品を基板などに接着剤で接着する場合，接着剤は基板や外部環境からの影響を保護し，振動や熱からの遮断，放熱，電気的な導電や絶縁などの役割も期待されている[1]。しかし，そのほんの一部がIEC国際標準として評価方法が提案・規格化されたにすぎない。動的特性や環境からの影響なども含めてこの微細構造部品の系統的かつ定量的な接着・接合強度評価の方法を構築することは，MEMSなどの微細なものをつくる技術の安全性を保障する上で重要であり，センサか

ら航空, 医療, 自動車など今後のあらゆる産業の基盤となる。

6.3 接着・接合強度を支配する因子

接着・接合強度は, 剥離(はくり)・破壊が起きる場所によって, ときには接着剤の強度, 被着材の強度, 接着剤-被着材または被着材同士の界面の強度に強く影響される。これらの破壊はそれぞれ**凝集破壊**, **材料破壊**, **接着（界面）破壊**およびこれらが混合した**混合破壊**と呼ばれている。

接着・接合強度を支配する種々の因子をまとめたものを**表6.1**に示す。これらは接着剤と被着材の種類, 分子構造やその組合せなど, 材料そのものの基本的な特性による**内的（イントリンジック, intrinsic）因子**と被着材や接着剤の形状や仕上げ状態, 弾性係数の違いや環境などによる**外的（エクストリンジック, extrinsic）因子**が支配する付加的な特性の二つに大別される。内的因子は接着剤の種類など接合部の分子や原子構造によって決まるものであるが, 実際の強度は外的因子に大きく依存することが多い。したがって外的因子を理解することは重要であり, 小さく微細になってもこれらの因子が働くメカニズムはほぼ同じである。これらの因子を表6.1に従って述べていく。

6.3.1 内 的 因 子

内的因子は接着剤と被着材の化学組成や構造によって決まるもので, 相互の原子や分子の結合によって接着が行われる。表6.1 (a) のようにその結合は共有結合, 金属結合, イオン結合, 水素結合, ファン・デル・ワールス力など多くのものが考えられるが, すべての結合が完全に行われた場合の接着強度はこれらの結合の理想強度に近くなる。しかし, 一般には接着剤や被着材そのものにさまざまな欠陥が存在し, 実際の強度ははるかに低いものとなる。この強度を下げる原因はつぎに述べる外的因子であり, さまざまな工夫で外的要因の影響を小さくし, 接着強度を大きくする工夫がされてきた。

表 6.1 接着・接合強度に影響する因子

内的要因 イントリンジック Intrinsic	理想強度靱性	材料 異種材料間	共有結合 金属結合 イオン結合 ファン・デル・ワールス力 水素結合 (a)
		原子−原子 原子−分子 分子−分子	
	材料の欠陥	自然欠陥 異物 材料組織	欠陥への応力集中により最大寸法の欠陥より破壊 (b) (c) 最大欠陥寸法 欠陥寸法 各欠陥寸法の密度 (d) (e)
外的要因 エクストリンジック Extrinsic	接合部の形状	界面粗さ	接合面積 (f) (g) 接合面積の増大
		弾性定数	アンカー効果 (h)
		応力集中	接着剤の厚さ,形状 (i) (j) 被着材接合部の形状 (k)
	残留応力		熱膨張係数,収縮,膨張,熱伝導,相変態

6.3.2　外的因子 —欠陥に伴う場合—

　外的因子の一つに材料中の欠陥がある。これは，表6.1 (b) に示すように材料そのものの製造や接着プロセスに起因する含有物や欠陥で，不可避な場合と意図的な場合がある。自然欠陥は表6.1 (c) に示すように一般に小さいものから大きいものまで，ある種の密度分布をもっていると考えられている。意図的な場合，例えば剥離を容易にするために接着強度を弱くすることによって得られる粘着に近い性能を利用する場合がある。逆に，剛性の改善や靱性の向上，あるいは衝撃吸収性をよくするためにセラミックやゴム系の微粒子を分散させたり，結晶化や組織あるいは分子構造を変えたり，あるいは異方性をもたせたりする。これらの手法は半導体やMEMSなどの微細素子の作製，固定，保護，組立てなどのプロセスでさまざまな機能を生かして応用されている。

　一般に接着・接合された部材に外力が加わったとき，内部に存在する欠陥の中で加わる応力が最大となる部分から破壊が起きる場合が多い。したがって，応力が集中しやすい大きい欠陥をなくす工夫がなされると，接着強度は増加する。一方，意図的に一定の大きさの欠陥を導入すると破壊強度をほぼ一定にすることも可能である。

　接着・接合評価に影響を及ぼすこれらの欠陥は，被着材（表6.1 (b)）や接着剤（表6.1 (d)）中ばかりではなく，相互の界面（表6.1 (e)）に分布する場合もある。特に被着材の表面の清浄性が低いことにより生ずる接着不良などはこれに属する。

6.3.3　接着・接合部の形状による場合

　接合部の形状の影響は，界面の微細形状による場合と，被着材の巨視的な形状に依存する応力集中による場合の二つのケースが考えられる。

〔1〕**接合部の界面形状**　接合面の微細な界面形状は表面粗さで表現されることが多い。表6.1 (f, g) に界面の表面粗さを模式化したものを示す。接着剤と被着材の接触面積は，表面の凹凸が細かいほど（表 (f)），または深いほど（表 (g)）大きくなる。一般には他の条件が同じなら，接触面積が大きくな

ると強度は大きくなる傾向がある。しかし，表面の粗さが細かくなりすぎると接着剤が凹部の内部まで入らなくなるために，表面は鏡面に近くなり強度は下がってくる。これは接合でも同様であり，接着剤や接着・接合方法によってそれぞれ適切な表面粗さがある。界面の状態で強度が上がる一般的なものは表(h) に示すようなアンカー効果（投錨効果）である。これは接着剤が表面の凹凸に入り込み錨（いかり）のように抜けなくなるもので，この場合は界面の剥離ではなく接着剤の破壊になることが多い。例えばスマートフォンのフレームなどでは，できるだけ小さくかつ金属と樹脂のような異種材料の強固な接合を実現するために，このアンカー効果を用いている。

〔2〕 **接着・接合部の巨視的形状と応力集中**　　接着・接合部の破壊の多くは応力集中部で起きる。応力集中を起こす原因は単に被着材の巨視的形状だけではなく，接着剤や被着材の弾性係数の違いだけでも生じる。

表6.1 (i～k) に種々の形状の被着材を接着した例をいくつか示す。被着構造物の形状が接着部を挟んで均一の場合，軸方向に引っ張る力がかかると弾性定数の小さい部分は引っ張られる方向に大きく伸びる。弾性定数の差が小さい場合には，表(i) に示すように被着材と接着材が引っ張られた方向にほぼ均一に伸びることになりそれほど大きな問題はない。しかし弾性定数の差が大きい金属の被着材と高分子の接着剤を選択した場合，表(j) に示すように表面部分では内側に変形するのを止める拘束が働かないため内側へ凹む。この場合，接着剤と被着材の境界部には複雑な応力集中が発生する。

表(k) に示すように被着材の形状が不均一である場合，板状のものを重ね合わせて接着する場合，または薄いシリコン素子やスパッタやめっきで作成した微細パターンのような小さな板状のものを大きなものの上に重ねて固定する場合などは，応力集中が接着部の周辺に集中して発生する。そのため板を重ねて接着する場合には，表(k) 右に示すように板の先端を次第に薄くするなどの急激な形状の不連続を緩和して，応力集中を軽減する方法がとられる場合がある。

6.4 従来の接着・接合強度評価の規格

6.4.1 接着・接合部に加わる力の様式

一般的に接着・接合強度とは，その結合が破れる，すなわち破壊する強度のことをいう。ただし，高分子接着や粘着などのクリープ変形あるいは粘性を伴う場合は，設計や事前の契約などで定めた規定以上のクリープ変形が起こる強度や時間などを基準とする場合を除く。接着・接合部分の破壊では，一般の破壊の場合とほぼ同様の機構が考えられている。一般に，材料中の応力の集中する部分から亀裂が発生・伝播して破壊に至る。

図6.1に，材料中の切欠き先端の応力集中部にかかる力の様式（モード）を示す。力のかかる方向によって引張力（モードⅠ，図(a)）とせん断力に大別される。せん断力はせん断方向によって面内せん断（モードⅡ，図(b)）と面外せん断（モードⅢ，図(c)）に分けられる。

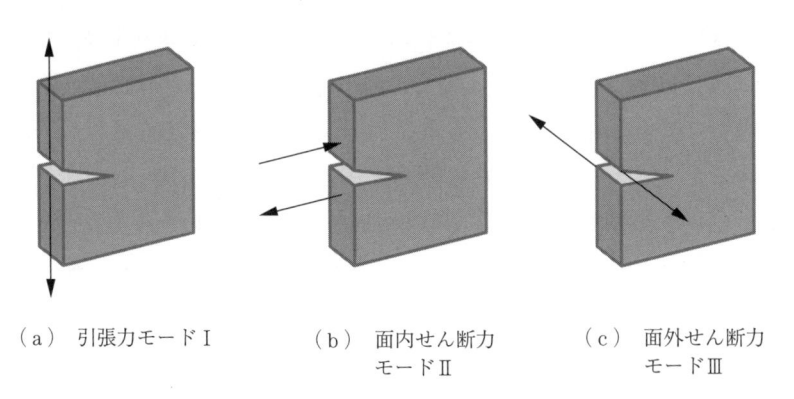

（a） 引張力モードⅠ　　（b） 面内せん断力モードⅡ　　（c） 面外せん断力モードⅢ

図6.1 応力集中部にかかる力のモード

接着・接合の応力集中の場合，切欠き先端に接着面がある場合を想定する。接着・接合面に垂直に引張力が加わる状態を**モードⅠ**，平行にせん断力がかかる状態をせん断方向によって**モードⅡ**，**モードⅢ**と呼ぶ。これらの力が接着・接合部に純粋に加わることは少なく，複合して加わる場合を**混合モード**あるい

はミックスモードと呼ぶ。モードⅠは割箸のようにき裂や欠陥を引き裂いて壊すような場合の力のかかり方である。モードⅡは，細長い2枚の帯状のシートを貼り合わせて引っ張ったとき，つないだ部分に働く力に相当する。モードⅢは，はさみで紙などを切る場合や引き裂くときのように，紙の面の外側へと力がかかり壊していく場合である。これら3種類の力がおのおの純粋に加わることは少なく，一般には複数の力の種類が複合して接着・接合部に加わり破壊が起きる。これらの力のかかり方によって接着・接合強度の評価方法も異なっており，個々の場合に適した試験方法が日本工業規格（JIS）や国際規格で制定されている。

6.4.2 従来の寸法に対する接着・接合強度評価

微細なものの**接着・接合強度評価**の方法は，従来の寸法の接着・接合強度評価の方法と基本的な考え方は変わらない。ただし，接着・接合技術は，単にいくつかのものや部品とともに個々の部品がもっている機能を一体化することだけではない。特に微細なものになると，一体化することにより半導体素子の接着のように固定，冷却，電導，封止，耐環境などの多くの機能を同時に達成し，新たな機能を創出することも重要な目的である。これらを考慮せずに単に接着するだけでは，外部よりの振動，熱やひずみなどが接着・接合部を通して素子に伝達されて機能を阻害する弊害も顕著になる。そのため接着部の評価には，目的とする機能によって以下のようなさまざまな特性が求められ，それぞれに個別あるいは複合化した評価法がある。

(1) 固定性 → 強度，防振，制振，ひずみ伝達・緩和，剥離
(2) 気密性 → 封止，耐環境，防水
(3) 電磁気特性 → 導電，透磁，絶縁，電磁気シールド
(4) 光学特性 → 透過，フィルタ，固化
(5) 熱伝導性 → 加熱，冷却
(6) 耐久性 → 強度や諸機能の経時変化や劣化，過大負荷の影響

これは接合部分だけの評価要素の一部であるが，接着することによって被固

定物や部品の個々の機能が予期しない変化を受けたり，あるいは阻害されたりする場合もある。微細な部品を接着・接合する場合は，接着部分の被着材に対する体積比率が従来のものよりも相対的に大きくなる。特にMEMSデバイスなどの接合部（パッケイジング部）がデバイスの動的機能に及ぼす影響は，デバイスの安定性にも影響する。しかし，この分野の研究はまだ始まったばかりでほとんど報告がない[1]。

そこで，ここでは固定性に関する評価方法に絞って解説する。接着に関する規格は接着剤の絶対強度を求めるというよりは，接着剤の種類間の相対的な優劣，最適な接着剤や接着方法の選定，あるいは6.3節で述べた外的要因に左右される場合の強度を比較する手段の規格など，多岐にわたることに留意されたい。特に被着材の材質はもとより，接着面の仕上げ，洗浄，板厚や形状，接着層の厚み，接着剤のはみ出しなど多くのことが接着強度に影響するため，評価にあたっては規格本文を十分に参照・順守されたい。

〔1〕 従来寸法のものを対象とした評価法の規格（主にJIS，ISO規格）

JISに規定されている接着強度試験法はISOの規格とすべてが同一というわけではない。国際化に従って順次JISをISO規格に準じて制定，あるいはJIS規格をISOに提案，標準化する努力がされている。ここではJIS規格を主に取り上げるが，ISOと対応している規格はJISの本文に対応国際規格が記載されているので参照していただきたい。

主なJIS評価法を接着・接合部にかかる力のモード（6.4.1項 参照）の具体例とともに示すことにするが，意図的に評価法の概略を述べるにとどめた。それは接着剤や接着部の評価を実際に行う場合には多くの留意すべき点が多いためである。特に安全・保安性や商用で用いる場合は，必ずJISやISO，あるいはそれに相当する国内規格，国際規格や，要求される規格本文に順守して行う必要があることに留意されたい。

〔2〕 接着面に対して垂直に引きはがす引張力が働く場合（モードⅠ）

（a） 突合せ接着の引張試験（**JIS K 6849 接着剤の引張接着強さ試験方法**） 角柱あるいは円柱の端面に接着剤を塗布し，**図 6.2**（a）に示すように

(a) 引張試験　　　　　　　　（b) 割裂試験

(c) T形90°剥離試験　　　　（d) T形剥離試験

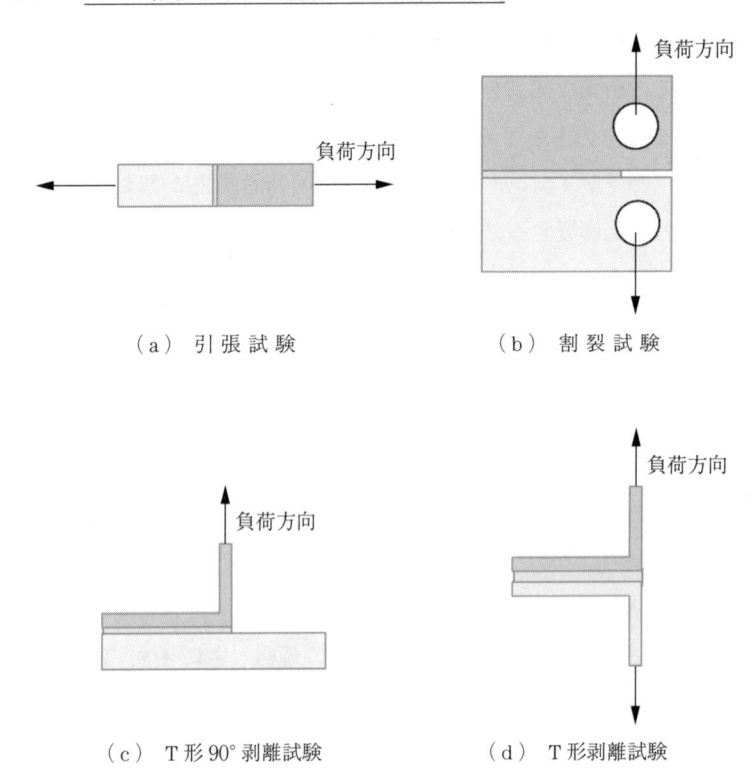

図6.2 モードI：接着面に垂直な引きはがす引張力が働く負荷状態

2本を突き合わせて接着する。この突合せ接着した棒を引っ張って破壊荷重を求める。接着・接合部の試験として最も基本的な試験で，方法がJIS K 6849に規定されている。留意する点は，接着面に曲げ力成分が働かないように試験片や引張ジグに注意が払われていることであり，これについては関連規格を参照されたい。この試験では6.3.2項で述べたように接着剤の厚さや接着剤周囲の形状なども強度に影響する。

（b）　割裂試験（JIS K 6853 接着剤の割裂接着強さ試験方法）　　破壊靱性試験のモードI試験に用いるコンパクト引張試験片（CT試験片）に形状が似た試験片を用いる。図6.2（b）に示すように，CT試験片では予き裂を導入する部分が接着部となっているが，疲労予き裂は導入されていない。この部分

を割裂させ，接着部の強度を求める JIS K 6853 に規定されている試験である．破壊靭性試験と異なる部分も多いので試験時には規格を参照されたい．

（c） **T形90度剥離試験（JIS K 6854-1 接着剤 ―剥離接着強さ試験方法― 第1部：90度剥離，ISO 8510-1）**　薄い板の一部を残して剛性の十分高い被着体に貼り付け，薄い板の接着していない部分を図6.2（c）に示すように板に垂直方向に90度の角度で引き剥がす試験方法であり，JIS K 6854-1 に規定されている．

（d）　**薄板同士のT形剥離試験（JIS K 6854-3 接着剤 ―剥離接着強さ試験方法― 第3部：T形剥離，ISO 11339）**　図6.2（d）に示すように図（c）のT形90度剥離試験と類似の薄板の接着部剥離試験である．特に両方の端部を90度のL字形に曲げた薄板2枚を接着しT形として引張剥離試験を行う．試験方法は JIS K 6854-3 に規定されている．図（b）の割裂試験と異なり，剛性の高い厚板ジグを必要とせず簡便である．しかし図（c）のT形90度剥離試験と同様に薄板が塑性変形することがあり注意を要する．試験が簡便なため利用されることが多いが，特に被着体が薄い場合は，試験方法や結果の整理に関連規格を参照したほうがよい．

〔3〕　接着面に平行なせん断力が働く場合（モードⅡ）

（a）　**引張せん断試験（JIS K 6850 接着剤 ―剛性被着材の引張せん断接着強さ試験方法，ISO 4587）**　金属やプラスチックなどの2枚の板を重ね合わせて接着し，これの両端を**図6.3**（a）に示すように引っ張ることで接着面にせん断応力を発生させる試験方法である．接着面積を大きくとることで，接着強度大きくするために重ね合せ接着する場合が多い．この試験法も突合せ接着と同様に基本的な試験で，方法は JIS K 6850 に規定されている．この試験では接着部の端に応力集中が生ずるが，6.3節で述べたように試験片端部の形状や材質の剛性などにも依存するので，詳細は関連規格を参照する必要がある．

（b）　**圧縮せん断試験（JIS K 6852 接着剤の圧縮せん断接着強さ試験方法）**
図6.3（b）に示すように，金属やプラスチックなどの2枚の板を重ね合わせて接着し，これの両端に圧縮力を加えることで接着面にせん断応力を発生させ

172   6. 微細なものの接着・接合強度評価

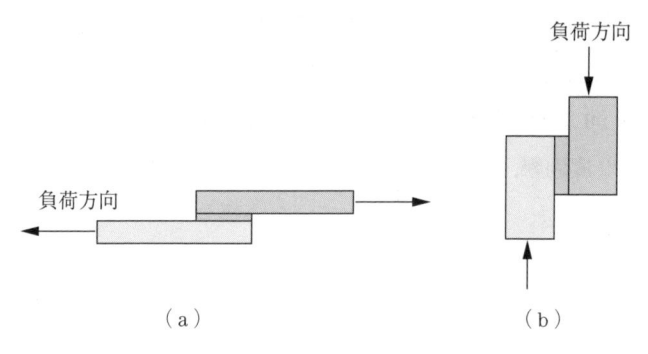

(a)   (b)

図6.3 モードⅡ：接着面に平行な力が働く負荷状態

る試験方法である。引張せん断試験とは負荷方向が反対の試験方法でJIS K 6852に規定されている。圧縮試験なので試験片をつかむ部分が不要なため，小さな試験片で評価が可能である。しかし，2枚の板試験片の荷重軸がずれているため試験用のジグが必要である。

〔4〕 引張りとせん断が混合した力が接着面に働く場合（ミックスモードⅠ＋Ⅱ）

（**a**） **180度剥離試験**（**JIS K 6854-2 接着剤 —剥離接着強さ試験方法— 第2部：180度剥離，ISO 8510-2**）　この評価方法は図6.2（c）で示したモードⅠの薄板の接着強度を求める評価方法と似ている。しかしJIS K 6854-2に試験方法が規定され**図6.4**（a）に示すように，薄板を試験中に変形しな

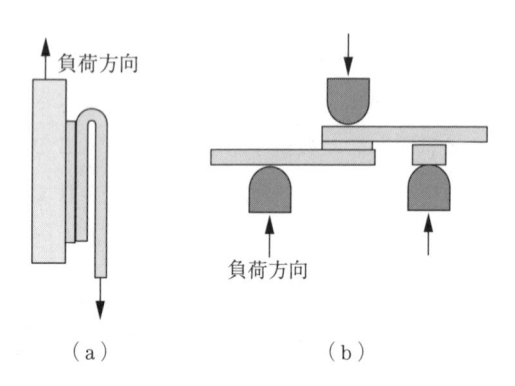

(a)   (b)

図6.4 混合モード（モードⅠ＋Ⅱ）

い剛性が高い被着体に張り付け，完全に被着体に平行（180度の角度）になるまで折り返して引きはがす試験方法である。被着材界面に平行に引っ張るモードⅡのせん断力と引きはがすモードⅠの力が加わる。薄板の厚さによって変化するので，詳細は関連規格を参照してほしい。

（b） 接着部の曲げ強さ試験（**JIS K 6856 接着剤の曲げ接着強さ試験方法**）

薄い板を重ね合わせて接着した部分に曲げの力が加わったときの強度を評価する試験法で，図6.3（a）の引張強度を求める場合と試験片は似ている。JIS K 6856に試験法が規定されているが，図6.4（b）に示すように曲げる力が加わったときに，接着した部分に薄板の剛性によるモードⅠの引きはがそうとする力と，試験片の変形に伴う曲率によってはモードⅡのせん断力も加わる。

6.5 微細なものの接着・接合強度評価

構造物や部品，材料の微細化を考える場合，微細化には3種類ある。シートや膜などの1次元の微細化，線や糸などの2次元の微細化，粉末などの3次元の微細化である。これらは昔から人間が扱ってきたものであるが，技術が発達するとともに，その寸法はmmの単位から μm, nmへと微細化してきた。ミクロン単位以下の寸法になると直接目で見たり触ったりして感じられる段階を通り越しており，その性質の評価も従来の測定方法や測定器は適用できず，微小寸法に対応した測定方法や専用の測定器を用いなければ不可能になってきている。1次元の微細化の例では，昔から用いられてきた装飾用の金箔がよく知られているが，面積に比べて厚さが極端に小さくなると自立が難しいため，現在ではめっきなどのように基板上につくられる場合が多い。2次元の微細化では，従来の自然繊維や高分子の合成繊維から，近年ではカーボンやシリコンのナノ機能繊維など，あるいは基板上に作製された薄膜上に，エッチングや収束イオンビーム（FIB）加工により複雑な電子回路を構成する半導体の電導線など，その寸法はnm単位になりつつある。

MEMSデバイスでは，これらの1次元と2次元の微細化技術を応用するこ

174   6. 微細なものの接着・接合強度評価

とによって基板上に3次元の微小機械要素や微細配線を作製している。したがって，MEMSデバイス中では微細構造部材同士はたがいに接合され，あるいは基板上に接合固定されている。しかし，3次元的に微小な構造材料を対象とした定量的な接着・接合強度評価に関しては，国内外の試験規格は存在しないのが現状である。多くの研究者が，3次元的な微細構造部材のための接着・接合強度評価を行っているが，測定装置は統一されておらずナノインデンタやAFM，または独自に開発された試験機などさまざまな装置が用いられている。さらにその試験片形状，負荷方法，評価方法も統一化されていないことから，共通となる基盤がないため各研究成果を比較することすらも困難となっている。したがって，3次元的に微小な構造材料を対象とした定量的な接着・接合強度評価に関しては，統一的な試験規格が必要である。

すでにある接着・接合強度評価の試験規格のほとんどは，通常サイズの部材を対象としたものであり，MEMSの微細構造物への適用は難しい（6.4節参照）。半導体素子の接合強度評価に関しては，シリコン基板とチップ（ダイ），ワイヤ配線，パッケージングなどの接合の試験手段の大枠を定めた規格（IEC 60749-19：Die shear strengthや-22：Bond strengthなど）が存在する。また，薄膜を積層させた構造体のうち膜厚方向のみ微小なものに関しては，積層板やコーティング材，塗装などに関連した試験規格が多数存在する。しかし定量的な評価が難しいことから，3次元的に微小なMEMS構造部品の設計などには直接適用することが困難である。

ここでは，1次元の微細化である薄膜の接着・接合の確立・標準化された評価法と，3次元の微細化であるMEMSに関する接着・接合強度評価の方法について述べる。2次元の微細化に分類されている繊維関係については，多くの評価方法がすでに確立していることからここでは割愛する。

6.5.1 薄膜（1次元の微細化）の接着・接合強度評価

薄膜の接着・接合強度評価の方法は，古くからペンキや塗料の塗膜あるいはめっきの評価法として発展してきたところがある。薄膜と下地との接合強度評

価では，膜の性質や使用目的，環境によってさまざまな試験方法が経験的にとられてきた。例えば，針を利用して膜を引っかいたり，押し付けたり，傷を付けたり，または傷を付ける針の硬さを変えたりして膜の損傷の有無や損傷状態を見て経験的に判断してきた。これらは広い意味での接合強度を相対的に評価する手法であるが，定量的な評価はできない。定量的な評価としては，従来からのビッカース硬さ試験機，ヌープ試験機，ブリネル硬さ試験機，ロックウェル硬さ試験機などを応用した評価が考えられるが，これらが下地の粗さや硬さの影響を顕著に受けることを考慮すると適切な評価かどうかの判断が難しい。またマイクロビッカースやナノインデンタなどの極表面の限定されたエリアでの精密な評価が可能な硬さ試験機は，現場で応用ができるほど簡便ではない。

　現場で行える簡便な方法としては，硬さや引っかきで接合強度を評価する手法がいくつかすでに標準化されている。例えば，鉛筆を利用して引っかきに対する抵抗を見る試験法（JIS K 5600-5-4），あるいは粘着テープを張り付け，引きはがすときのはがれ方から判定するめっきの密着性試験方法（JIS H 8504）などが標準化されている。

　これらは本来，表面保護や装飾が目的の塗装やめっきの膜のための規格であり，強度が重要な構造物や微細部品としての歯車やばねの材料を対象としたものではなかった。構造物が微細化し従来の1/1 000～1/10 000の寸法になってくると，これらの膜を微細な部品構成材料として利用するようになってきた。これに伴って，塗装膜やめっき膜と下地間の接合強度は微細構造物や素子の強度や耐久性を決定する重要な要素となり，その評価方法も進歩しつつあるが，その多くが前述の従来からの経験・直観的な方法を踏襲したものが多いのも事実である。

　以下に主だった薄膜試験方法を概略する。これらは，基本的な考え方は6.4節の従来の接着強度評価の規格で述べたものと同様であり，薄膜に力を加える方法や微小な冶具およびそれらの用い方が異なるだけである。なおJIS規格も含めて薄膜の評価では接合強度は、密着力，付着力，粘着力などその規格の基となった分野によって異なった呼称で呼ばれていることに留意されたい。

〔1〕 **塗膜の付着力（密着力）の評価方法**　塗膜の付着力の評価方法については，主に JIS K 5600-5「塗料一般試験方法 —第5部：塗膜の機械的性質—」の中に記載されている。また，ガラス基板上の薄膜については，JIS R 3255「ガラスを基板とした薄膜の付着性試験方法」の規格が存在する。以下にこれらの試験法の概要を紹介する。

（a）**付着性（プルオフ法）**　JIS K 5600-5-7「第7節：付着性（プルオフ法）」では，平板に均一に塗装した試験対象の塗膜に，試験円筒を直接，接着剤を用いて貼り付けた後，引張試験を行う。この手法は 6.4.2 項〔2〕（a）で解説した JIS K 6849「接着剤の引張接着強さ試験方法」と基本的な考えは同じで，接着剤が塗膜に変わったものである。塗膜の作製や接着条件，被着材，試験データの解析などの制限があるので，詳細は JIS 原文を参照されたい。

（b）**引っかき硬度（荷重針法）**　JIS K 5600-5-5「第5節：引っかき硬度（荷重針法）」は，対応国際規格 ISO 1518：Paints and varnishes — Scratch test を翻訳し，ISO 規格との整合性をもたせたものである。既知の力を針にかけて引っかきながら力を増加させ，針が塗膜を破った時点をセンサ（電気の導通，音，アコースティックエミッションなど）で検出し，破壊時の力より膜の強度を求める。

また，類似の評価方法としてセラミックコーティングを利用した接合性評価として ISO 20502：Fine ceramics (advanced ceramics, advanced technical ceramics) — Determination of adhesion of ceramic coatings by scratch testing（スクラッチ試験によるセラミックコーティングの接合性判定）がある。

（c）**付着性（クロスカット法）**　JIS K 5600-5-6「第6節：付着性（クロスカット法）」は，対応国際規格 ISO 2409：Paints and varnishes — Cross-cut test を翻訳し，ISO 規格との整合性をもたせたものである。塗膜の表面に下地まで貫通する傷を碁盤目状に付けた後に，粘着テープを表面に密着させる。粘着テープを引きはがしたときに，粘着テープに付着してはがれた小片の数で密着強度（密着力・付着強度）の指標とする方法である。粘着テープの粘着力よりも高い密着強度（密着力・付着力）の膜に対しては，粘着力以上の強度としか

判定できない．粘着テープ，規格で規定されている切れ込みを入れるための治具，カッターなどは市販されている．この評価法も定性的であり定量的な接合強度を求めることはできないが，簡便な手法であることから，微細なものをつくるための膜の選択やプロセス条件の比較・優劣評価などに実施例が多く，よく用いられている手法である．

（d）**ガラスを基板とした薄膜の付着性試験**　JIS R 3255 はガラス基板上に作製された厚さが 1 μm 以下の金属，金属酸化物または金属窒化物の薄膜を対象とした付着性試験方法である．ダイヤモンドの圧子をガラス表面の膜に一定の負荷速度で負荷を加えて押し付け，膜が損傷したときの力で付着力を評価する．薄膜の損傷を鋭敏に検出するよう針に振動を加えるなど，非常に薄い薄膜の付着力を評価するためのスクラッチ試験法である．

〔2〕**めっきの接合強度試験**　めっきの密着性評価については，JIS H 8504「めっきの密着性試験方法」としてまとめられている．めっき技術の長い歴史と広い応用分野を反映し，現場で簡便に評価できたり，工場の稼働設備を利用する大がかりなものであったり，さまざまな評価手法が存在する．そのため評価に用いる用具も身の回りにある簡便なものから大がかりなものまで存在し，その多くの試験方法が標準化されている．なお対応国際規格は ISO 2819 : Metallic coatings on metallic substrates ― Electrodeposited and chemically deposited coatings ― Review of method available for testing adhesion である．めっきの接合強度評価法はこの規格に集約されている．

規格化されているめっきの密着性評価法の概要を以下に示す．なお，これらの試験法では，特に言及がないかぎり目視でめっきの剥離などを判定する．実際に評価される場合の試験方法や評価判定法は，JIS または ISO 規格本文を参照されたい．

（a）**研削試験**　やすり試験方法と砥石試験方法がある．いずれも，指定規格に合う用具を用いて決められた方法でめっき面を研削し，めっきのはがれや損傷の状態によって判別する手法である．

（b）**へらしごき試験**　へらしごき試験方法は，適当な金属またはメノ

ウ製のヘラによってめっき面を摩擦して密着性を調べる手法である。この試験は，きわめて密着性の悪い皮膜を検出するだけの試験であることに留意する。

（c）**押出し試験**　押出し試験法は，めっき面裏側から貫通しない穴をあけ，既定の押出し棒を挿入してめっき層を貫通させ，破断部のめっきの変化の状態から密着性を評価する手法である。破断部にめっき層の剥離が見られるかどうかで密着性を判断する。

（d）**エリクセン試験**　エリクセン試験機（JIS B 7729）を用いて規定内の速度でポンチを押し込んで試料に凹型の変形をさせ，めっきの損傷状態から密着性を判定する。比較的伸び率のよいめっきで密着性が良好な場合，めっきはうろこ状に変形して追従する。密着性が悪い場合は，鱗片状に剥落，脱落する。この試験後の変形状態によって，密着性を判断する。

（e）**ショットピーニング試験，バレル研磨試験**　ショットピーニング試験法は，めっき面に既定の直径の鋳鉄または鋼球を用いて規定の距離でショットピーニングを行い，めっきの損傷や剥離の状態によって密着性を評価する手法である。主に厚付銀めっきに適用する。

一方，バレル研磨試験方法は，試料と鋼球をバレルに入れて規定の条件で回転させることでめっき面に損傷を与え，密着性を判定する試験法である。比較的薄いめっきに適した手法である。

（f）**引きはがし試験**　テープ試験方法とはんだ付け試験方法がある。テープ試験方法とは，めっき面に既定の粘着テープを張り付け，引きはがしたときのはがれの有無により密着性を判定する。より厳しく試験する場合は，前述の塗料における試験法（JIS K 5600-5-6：付着性（クロスカット法））と同様に，あらかじめ鋭利な刃物で2ミリ角の正方形のじょう痕をつくった上で試験を行う。

一方はんだ付け試験法は，L字型の金具の一方をめっき面にはんだ付け，他方を引っ張り，密着性を調べる方法である。この試験方法は6.4.2項〔2〕（c）で紹介した試剥離接着強さ試験方法（JIS K 6854-1）に規定されている方法に近い試験方法であるが，はんだの強度以上の接合強度は評価できない。

（g） たがね打込試験　鋭利なたがねまたは刃物をめっき層と素地との境界に打ち込み，めっきの密着性を調べる試験法である。たがねまたは刃物を試料面に斜めに当ててたたき，めっき層を破壊してその損傷の状態から判定する。

（h） けい線試験　めっき面を針状の引っかき工具で引っかき，めっきの密着性を調べる試験方法である。比較的軟らかいめっきの試験に適用する。

（i） 曲げ試験　試料を折り曲げて，めっきの密着性を調べる試験方法である。既知の曲げ半径の当て金を使用して，90°曲げて元に戻す，つぎに試料を反対側に曲げて元に戻すことを規定回数繰り返し行い，めっきの損傷の程度により判定する。

（j） 巻付け試験　めっきされた細線または条などを，直径1～2mm直径をもつマンドレルに3回巻き付けて，めっきの密着性を調べる試験方法である。巻き付けられた外側のめっきの損傷状態から密着性を判定する。

（k） 引張試験　めっきした試料に引張応力を与えてこれを破断し，めっきの密着性を調べる試験方法である。エリクセン試験方法と同様に，変形を与えたときのめっきの剥落，脱落の有無で密着性を判定する。

（l） 熱試験　加熱試験方法と熱衝撃試験方法がある。加熱試験方法とは，試料を既定の温度に加熱することによってめっきの密着性を調べる試験方法である。規定温度に達したのち試料をただちに取り出し常温まで放冷後，めっきの損傷状態で密着性を判定する。

一方熱衝撃試験方法は，既定の温度に加熱後水中で急冷する熱衝撃によって，めっきの密着性を調べる試験方法である

いずれの手法も試験片を指定された条件で加熱したのちにめっきの損傷を観察・評価する。加熱条件はめっきする金属種ごとに規格で定められている。

（m） 陰極電解試験　規定の条件下において電解質水溶液中で試料を電解したときに発生する水素ガスの作用によって，めっきの密着性を調べる試験方法である。水素を透過するめっき，例えば鉄および鋼素地上のニッケル，ニッケル-クロムめっきなどについて適用する。鉛，亜鉛，すず，銅，カドミ

ウムなどのめっきには適用しない。電解時間2分間で試験面に膨れが発生すれば，めっきは明らかな密着不良であり，この電解を15分間継続した後，膨れなどが生じなければめっきの密着性はきわめて良好である。

以上，ここでは規格化されている主な薄膜の接合強度の評価方法を挙げたが，これ以外にも国際標準化するために議論されている方法が数多くある。しかしその原理と基本的な考え方は，従来確立された接着強度の評価方法（6.4節 参照）が基となっているものや，薄膜と下地の密着強度は，電子デバイス製造，塗装やめっきなどの現場で必要に迫られて開発された経験的なものが多い。このため定量的な方法は少なく，そのほとんどが実用的であるが定性的であり，今後の微細な物づくりに用いるめっき膜を評価するのはかなり難しい。今後の定量的かつ理論に根差した評価方法の研究が必要であるが，近年より，3次元的に微細な構造物などの設計やシミュレーションにも使える定量的な接合強度を求める評価方法の研究は，いくつかの研究機関で進行中であり今後が期待される。

6.5.2 微細なもの（3次元の微細化）の接着・接合強度評価[2]

マイクロマシンやMEMSデバイスは微小可動部品や電子回路，およびパッケージ部などで構成されているが，これらは基板上に異種材料を積層させて組み立てていることから多数の接合部を含んでいる。特にMEMSデバイスは，半導体製造プロセスで生じるような異種材料界面に生ずる残留応力に微小可動部品などで生ずる動的負荷が加わるため，界面近傍に存在する自然欠陥から破壊へとつながる可能性が高い。このような微小構造物の界面で起こる破壊現象を定量的に評価するために，多くの研究者が多種多様な評価法を提案し，試験機・試験法・試験片を開発してきた。しかし，3次元的に微小な構造物を対象とした接合強度評価法の試験規格はほとんどなかった。3次元的に微小構造部材のための接合強度評価法の国際標準（IEC 62047-13）と対応する国内標準，JIS C 5630-13「マイクロマシン及びMEMS —第13部：MEMS構造体のため

の曲げ及びせん断試験による接合強度試験方法」が標準化されたのは最近のことである。

3次元的な微小構造物の接着・接合強度評価では，通常の寸法の試験では起きえない問題が多々存在する。例えば，試験片が微小構造物であるために試験機への取付け，把持などのハンドリングが難しい，微小構造物の寸法や剝離時の力が小さすぎて測定可能限界に近いため十分な測定精度が得られない，などである。

寸法や力の測定精度を上げることは技術的に困難であることから，接着・接合強度評価試験の信頼性を向上させるための方策として，同一条件下で多数の試験を行いその結果を統計処理する必要がある。そのため，同一条件で多数の試験片を作製し，同一条件で試験できることが不可欠である。特に微小構造体ではフォトリソグラフィーや各種蒸着・めっきなど，作製プロセスのわずかな違いに敏感に影響を受けて特性が大きく異なってしまう。したがって，実際の製造プロセスとできるだけ近い条件で多数の試験片を作製することが求められる。また，微小試験片は，ハンドリング・固定・位置合せ・試験を考慮して設計する必要がある。

一方，評価に用いる材料試験機に関しても，対象とする試験片の寸法や測定する力が通常の試験より格段に小さいことから，いまだ世界共通となるような汎用の装置はなく，それぞれの研究機関が異なった試験機を開発して用いている。したがって試験片や試験方式も多様な試験機に対応できるものでなくてはならない。また，設計に用いる値が得られる定量的な接着・接合強度が得られる評価方法である必要がある。

以上の観点より，微細なものの接合評価を行うための試験片と試験機，試験条件および試験結果の解釈について，新しい規格である JIS C 5630-13：マイクロマシン及び MEMS ―第13部：MEMS 構造体のための曲げ及びせん断試験による接合強度試験方法を基に解説する。微細なものほどわずかの条件の違いが結果に大きく影響するので，実際に微細なものの接合評価を行う場合は，必ず元の JIS 規格または IEC 規格を参照されたい。

〔1〕 **試験片形状と特徴**　数百ミクロン以下の微小寸法材料のための材料試験機が標準化されていない現在では，できるだけ広範囲の試験機に対応可能な試験手法であることが必要である。この条件を満たし，同一条件下で多数の接着・接合強度評価試験を異なる仕様の試験機で可能にするために，試験片の保持方法や位置合せ，負荷方法が容易であること，同条件で一度に多数の試験片の作製ができること，が必要である。これらの条件から試験片形状は円柱とし，被着材基板上に複数の微小円柱試験片を作製する。

この試験片形状は，6.5.1項〔1〕(a) で紹介した塗膜に接着剤で円柱治具を張り付けて引張試験を行う手法（JIS K 5600-5-7「付着性（プルオフ法）」）と類似しており，これを微細化したものとも考えられる。ただし，微細であるために試験片の作製方法は異なっており，MEMS製造の基盤であるリソグラフィー技術を用いれば，一度に同条件で複数の円柱試験片を基板上に作製できる。また，負荷位置・方向を変えることによって，曲げ負荷とせん断負荷の2種類の接着・接合強度評価試験が可能である。この試験方法を用いれば，微小円柱と基板間の曲げとせん断接合強度を定量的な値で求め，その値を設計の参考とすることが可能となる。

ここでは半導体素子やMEMS素子の作製方法を念頭におき，シリコン基板上に円柱治具を作製した一例を**図 6.5**に示す。これは，シリコン基板上にエポキシ系フォトレジストで円柱状の微小試験片を作製したものである。このよ

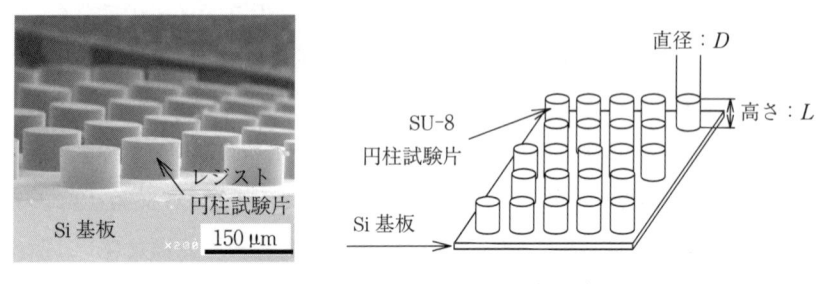

Si 基板上にエポキシ系フォトレジスト（SU-8）で作製した微小円柱剥離試験片とその光学顕微鏡写真

図 6.5　基板間の接着・接合強度評価試験用の微小円柱試験片

うに円柱は単純な形状であるため，フォトリソグラフィーなどの手法を用いれば，同一基板上に同一製造条件で多数の試験片を作製することができる．

〔2〕 **微小材料のための材料試験機**　本試験法の微小材料試験機に必要な機能は，負荷を計測するためのロードセル（荷重計），試験片に負荷を加えるための治具と個々の試験片を最適位置に設置するのに必要な位置制御機能，精密に負荷するためのアクチュエータと変位計である．

試験機の一例として，概観写真を**図 6.6** に，試験機の構造を**図 6.7** に示す．微小試験片の寸法にもよるが，個々の試験片の最適位置に負荷治具を移動させる x-y ステージは位置分解能が 0.1～数 μm 必要である．また，負荷位置が最適であるかを判断する高倍率のモニタがあることが望ましい．負荷を与えるアクチュエータと変位を測定する変位計は微細な試験片にゆっくり荷重をかけ，破壊荷重を正確に求めるために変位分解能は 0.1 μm 以上あることが望ましい．図 6.7 に示した装置では x-y ステージの位置分解能が 0.1 μm，アクチュエータの変位範囲は 10 μm，変位分解能は 5 nm である．また試験片に負荷するための最適位置に負荷治具を設定するためにアクチュエータの上部に分解能 0.1 μm のステッピングモータを使用した大変位の位置合せ機構が付いている．アクチュエータは磁ひずみ素子または圧電素子を用いている．より大き

図 6.6　微小材料試験機概観写真

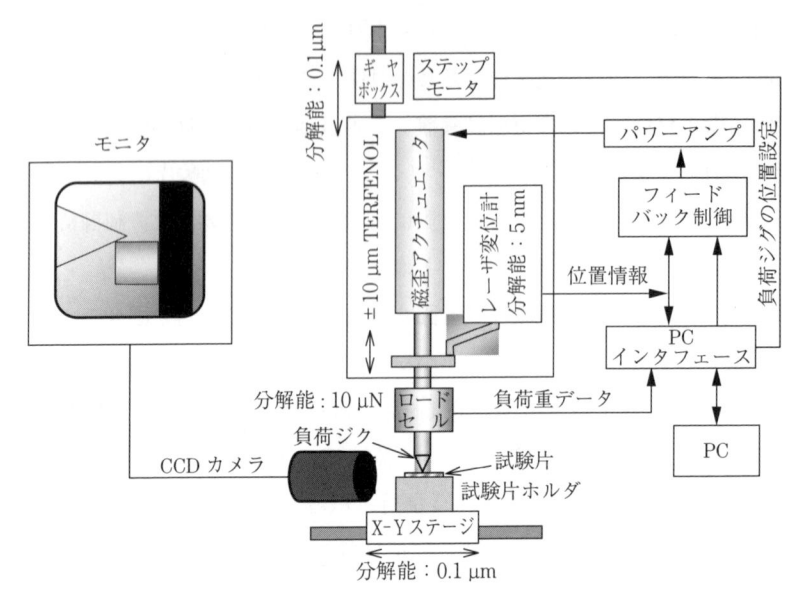

図 6.7 微小材料試験機構造模式図

な変位が必要となる場合のため，試験片と負荷治具の位置合せは，正面および側面からCCDカメラで双方の最適位置を確認できる。

〔3〕 **微小接合部の曲げ剥離とせん断剥離試験**　図6.5に示したシリコン基板上に作製した微小円柱試験片は，**図 6.8**（a）のようにシリコン基板を挟

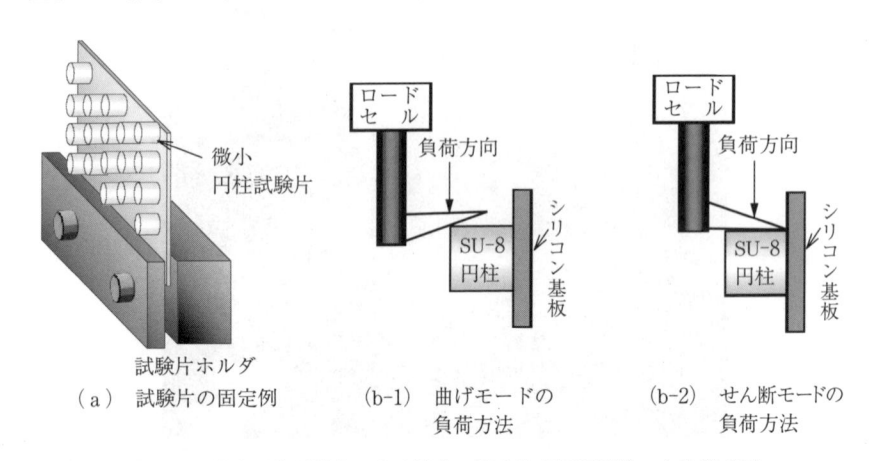

（a）試験片の固定例
（b-1）曲げモードの負荷方法
（b-2）せん断モードの負荷方法

図 6.8 微小円柱試験片による接着・接合強度評価試験の方法模式図

む治具を用いて試験機に簡単にしかも強固に固定することができる．円柱は単純な形状であるため，図（b）に示すような負荷治具を用いることによって点接触に近い状態で試験片に負荷することができる．

さらに，図（b-1）のように負荷治具の先端を上に傾けて用いることによって，円柱への負荷位置はつねに試験片末端への曲げモードの点荷重となり，曲げ剥離試験となる．この方法であれば，図6.9に示すように円柱試験片は荷重負荷治具と試験片の位置関係が多少ぶれていても試験片先端の位置につねに荷重を負荷できることから，種々の試験装置に幅広く対応できると考えられる．

図6.9 円柱状の試験片を用いると負荷するときに荷重軸調整が不要

一方，負荷治具の角度および試験片との接触位置を変化させることで，負荷モードはせん断になる．具体的には，図6.8（b-2）に示すように負荷位置が円柱側面で円柱の根元の一点に限定される場合，せん断力が支配的となり，せん断負荷モードでのせん断剥離試験となる．このときも破壊位置の同定が容易で破壊形態の解析にも有利である．

〔4〕 **試験結果とその解析例**　前述の図6.5で微小円柱試験片の例を示したが，これは同一シリコン基板上に同条件でエポキシ系フォトレジストSU-8の円柱試験片を多数作製したものである．この試験片を用いて接合強度試験を行った例を示す．

この例では，円柱直径は125 μm，長さは100〜170 μmの範囲で変化させている．これは，SU-8の粘性が高いため膜厚にばらつきがあるのを利用したものである．SU-8微小円柱試験片の接合強度試験で得られた典型的な荷重-変位曲線例について，アスペクト比（長さ/直径）の低いもの（アスペクト比：

0.8～0.9,**図6.10**(a))と高いもの(アスペクト比:1.2～1.4,図(b))に示す.黒点は熱処理を行わなかった試験片,中抜き点は熱処理を行った試験片の試験結果である.

● 非熱処理
○ 熱処理 423 K(1 時間)

(a) 微小円柱試験片のアスペクト比:0.8～0.9

(b) 微小円柱試験片のアスペクト比:1.2～1.4

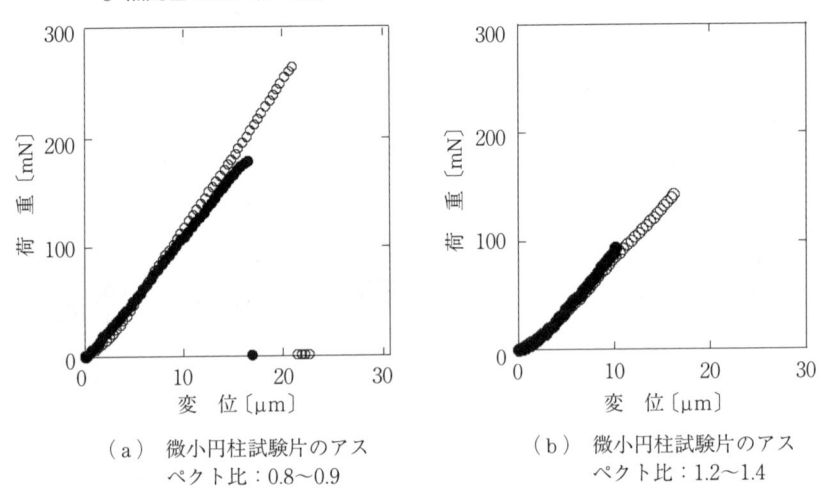

図6.10 SU-8 微小円柱試験片の荷重-変位曲線

すべての荷重-変位曲線は線形的に増加しており,すべての試験において,最大荷重で脆性的に剥離が起こっており,熱処理によって接合強度は著しい増加を示している.また,SU-8 微小円柱試験片の剥離荷重は,高アスペクト比より低アスペクト比の試験片のほうが明らかに大きい値を示している.しかし,アスペクト比の異なる試験片の接合強度を比較するためには,最大荷重を梁の根元にかかる最大曲げモーメントや最大引張応力に換算する必要がある.その解析,換算方法は試験条件も含めて国際標準(IEC 62047-13)と対応する国内標準(JIS C 5630-13:マイクロマシン及び MEMS ―第 13 部:MEMS 構造体のための曲げ及びせん断試験による接合強度試験方法)を参照されたい.

〔5〕 **破面解析** 破面観察はフラクトグラフと呼ばれている破壊の原因を探る有効な破面解析手段である.**図6.11**に,シリコン基板上の SU-8 の微

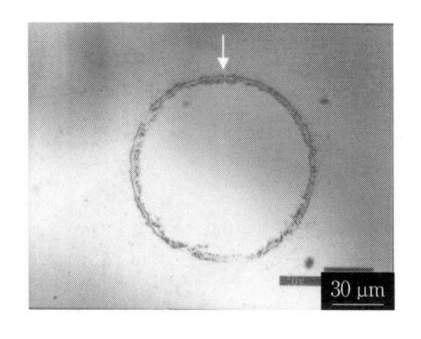

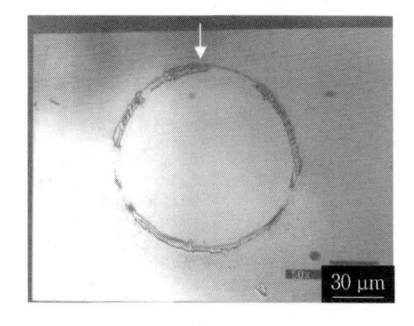

(a) 熱処理なしのSU-8円柱
試験片剥離面

(b) 熱処理ありのSU-8円柱
試験片剥離面

図6.11 剥離後のシリコン基板表面の光学顕微鏡写真

小円柱試験片の試験後の剥離面の光学顕微鏡写真の一例を示す。図（a）が熱処理なし，図（b）が熱処理ありの結果である。写真中の矢印は円柱試験片に負荷した方向から予測される剥離開始点を示している。SU-8の破断痕が円柱試験片の円周上に沿って残されている。これは，剥離が界面近傍のSU-8側から開始したことを示唆している。

しかし微細なものの破壊破面観察をより詳細に解析するためには，より高倍率の観察手法が必要である。超微細な破面形態を観察するには，走査電子顕微鏡が有効である。しかし，観察対象が基板上の高分子材料の破面である場合，薄すぎて電子線が透過して確認が難しい場合がある。従来寸法の大きなものであれば表面に金属や炭素を蒸着することにより走査電子顕微鏡観察が可能である。しかし，微細なものの場合，破壊部分の形態が蒸着膜によって損なわれてしまうことが憂慮される。

表面を蒸着で加工することなく微小な剥離面を精密に観察する手段として，原子間力顕微鏡（AFM）を用いて解析する方法がある。**図6.12**に図6.11のシリコン被着材表面をAFMで解析した例を示す。図6.12（a）はシリコン基板表面の高低差を濃淡で表示したもので，接着剤の残留部分が明確に表示されている。また，接着剤がはがれてシリコン表面が露出している部分もわかりやすい。この高低差を線分析（line profile）したものを図6.12（b）に示した。

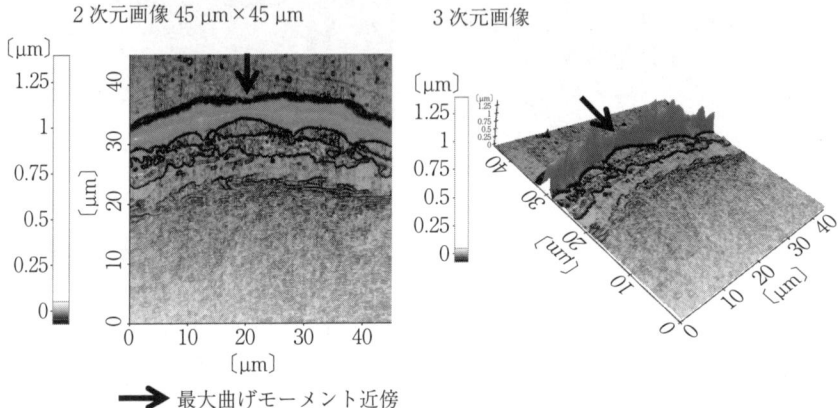

188   6. 微細なものの接着・接合強度評価

(a) シリコン基板表面の高低差を濃淡で表示

2次元画像 45 μm×45 μm

3次元画像

→ 最大曲げモーメント近傍

・試験片表面の破断痕の高さ：数百 nm 〜 1.3 μm の凸凹が存在

表面で微小き裂の連結が起こっていることを示唆

・円弧状の破断痕の内側：基板とほぼ同じ高さの領域が存在

（a）シリコン基板表面の高低差を濃淡で表示

(b)

2次元画像 20 μm×20 μm

線分析

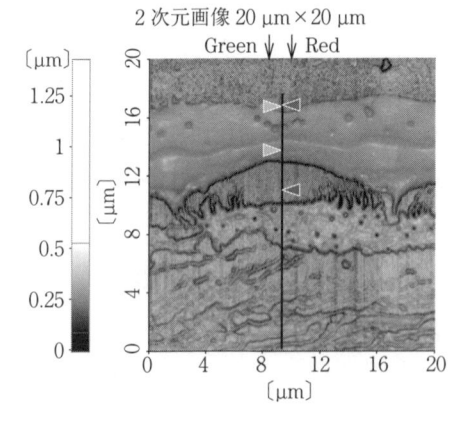

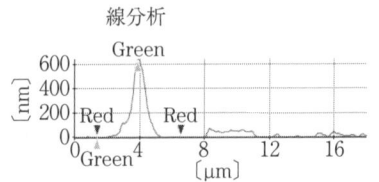

Cursor Statistics：Red

Cursor	ΔX (μm)	ΔY (μm)	Angle (°)
Red	5.162	−0.001	−0.016
Green	2.482	0.639	14.432

円周状の破断痕内側
・基板と同じ高さの領域（界面破壊領域）がほぼ全円周状に断続的に存在
・剥離前の試験片：界面近傍の試験片の縁近傍と内部では様子が異なっていた

負荷前（プロセス中）にすでに剥離領域が存在した可能性

プロセス中に導入された界面剥離領域からせん断力で剥離が開始した可能性

（b）シリコン基板表面の高低差を線分析

図 6.12 シリコン基板面の AFM 解析例（AFM フラクトグラフ）

破壊が開始した周辺部およびシリコン表面の露出した部分など，剥離の様相や原因，開始点などを知る重要な情報が含まれている．

6.5.3 異種材料の接合によるデバイスへの影響[3]

接着・接合は単にものを固定する手段だけではなく，情報やエネルギーを伝達する回路をつくる手段でもある．また，接合方法や接着剤によっては外部の環境から被着材を保護したり，隔離したりする機能もある．これらの接着機能は被着材の冷却，防振，防塵，密封，導電など多くの分野で利用されている．しかし一つの機能のみに注目し，接合方法や接着剤の種類の選択を間違えると，外部環境と被着材が直接つながり，他の部分で予期しない被害や機能低下をもたらす．特に微小になるとわずかな接着剤がデバイスの機能を妨げ，その被害が大きくなることもある．ここでは例としてシリコンの共振デバイスを鉄製のパッケージに接着した場合，どのような影響がデバイスに現れるかを示していく．

シリコン単結晶製の図 6.13 に示すフィッシュボーン型（魚の骨のような構造）共振振動子を鉄製のパッケージ（TO-5）に硬い強固な熱硬化樹脂，やわらかくクリープ変形する熱剥離シート，およびボンディングワイヤによるパッケージ上に宙吊りの3種類の方法で固定した．図 6.13 に示す共振子は矢印の

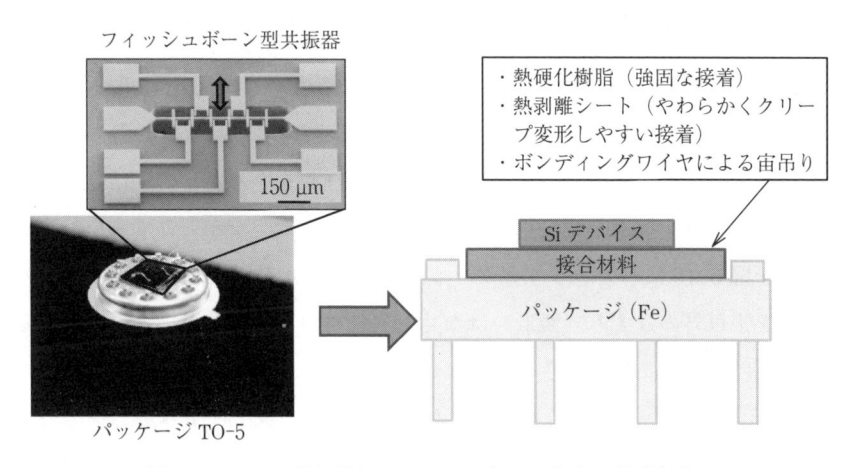

図 6.13 MEMS 共振器とパッケージ（TO0-5）との接着組合せ

方向に振動し，その振動をレーザドップラー振動計で計測し，温度変化に伴う共振周波数のドリフト量と固定方法の違いを比較した。その結果の一部を**図6.14**に示す。熱硬化樹脂でパッケージに強固に固定した場合（図6.14（a））は時間の経過とともに共振周波数が低いほうへとドリフトしたが，やわらかい熱剥離シートで固定した場合（図6.14（b））はドリフトがほとんど起きなかった。これはデバイスの固定方法（パッケージング方法）が被固定デバイスの特性に大きく影響することを示唆している。この原因として，異種材料の接合による熱膨張率の違いによって生じるひずみの影響が考えられる。

(a) 熱硬化樹脂の場合の共振周波数ドリフト

(b) 熱剥離シートの場合の共振周波数ドリフト

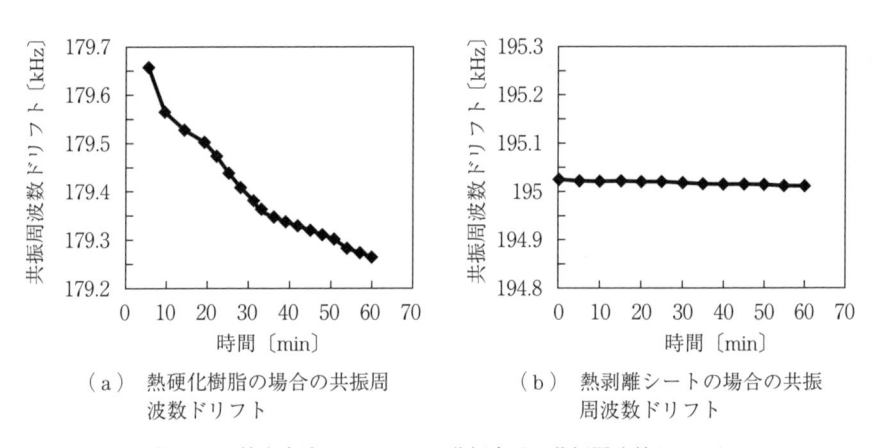

図6.14 接合方法によるMEMS共振素子の共振周波数ドリフト

異種材料の接着によって発生するひずみを知るために，**図6.15**に示したようにシリコンとそれより熱膨張率が約10倍大きいアルミニウムの各表面に，各素材と同じ熱膨張率の測温できる熱ひずみゲージを貼ったものを用意した。また個々の素材を接着せずに，25～55℃まで温度を変えながらひずみを計測した結果を**図6.16**に示す。ひずみゲージの熱膨張率が被計測剤と同じであるために熱膨張以外のひずみ（変形）はなく，異種材料を接合した場合に発生するひずみだけを知ることができる。

図6.15に示したようにアルミニウムとシリコンの板をひずみゲージを外側にしてシアノアクリレート接着剤で張り合わせ，温度を変えながらひずみを計

6.5 微細なものの接着・接合強度評価

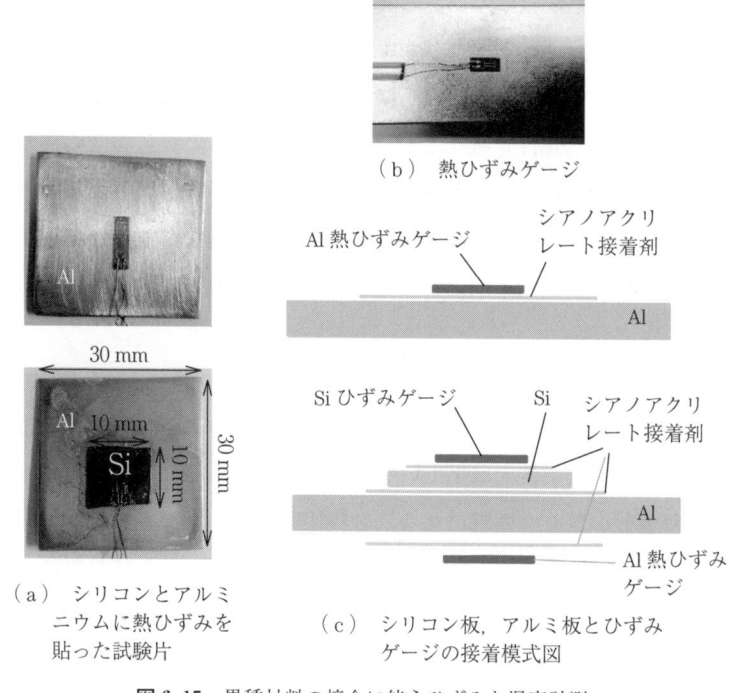

(b) 熱ひずみゲージ

(a) シリコンとアルミニウムに熱ひずみを貼った試験片

(c) シリコン板，アルミ板とひずみゲージの接着模式図

図6.15 異種材料の接合に伴うひずみと温度計測

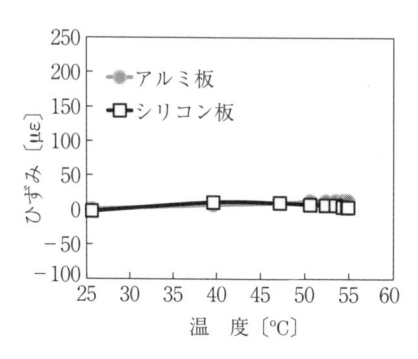

図6.16 アルミニウムとシリコンそれぞれの熱膨張以外のひずみと温度の関係

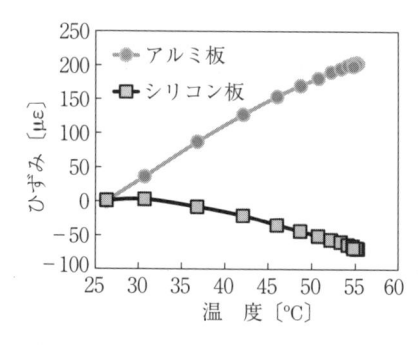

図6.17 アルミニウムとシリコンを接合したことにより発生したひずみと温度の関係

測した結果を**図6.17**に示す。温度の上昇とともにアルミニウムは引張ひずみが増加し，シリコンは圧縮ひずみが増加した。本来はアルミニウムの熱膨張率はシリコンの約10倍大きいので，アルミニウムの伸びはシリコンに拘束され

て圧縮ひずみが発生するはずである。しかし実測は引張ひずみでしかもたった30℃の変化で $200\mu\varepsilon$（マイクロひずみ）にも達する。これは解析の結果アルミニウムとシリコンを接着した結果，曲げひずみが発生したためであることがわかった。熱膨張率や弾性定数などが異なると，6.3節の接着強度の支配因子で述べたように接合境界近傍に応力集中や複雑な応力場が形成される。微細なものをつくる場合，このように接着・接合によって複雑なひずみが発生し機能を損なう場合があるので，設計段階から接着剤や被着材の検討を行う必要がある。

6.6 お わ り に

ここで紹介してきた接着・接合は，その強度を司る原子や分子の結合が非常に複雑であり，明快な答えは出ていないように思われる。一方，接着・接合部周辺の応力場も小さく，微細になるほど複雑となる。特に接合部が微細になってくるとその寸法は接着剤の分子の大きさに近くなり，さらに複雑になる。このように未解明の要素が多い微細なものの接着・接合技術とその評価方法が，設計に用いられる定量的な評価法に発展するには，今後多くの研究が必要であろう。理論に基づいた定量的な微細なものの接着・接合強度計測の評価法が今後のものづくりの基盤技術となり，革新的な産業が発展する糸口となるであろう。本章への佐藤千秋 准教授（東京工業大学，編集当時）の助言に感謝する。

引用・参考文献

1) T. Okamoto, Y. Higo, H. Tanigawa and K. Suzuki : Influence of device constraint condition on frequency drift, Proceedings of the 29th Sensor Symposium, Kokura, The Institute of Electrical Engineers of Japan, pp.399-403（2012）
2) C. Ishiyama, M. Sone and Y. Higo : Development of new evaluation method for adhesive strength between microsized photoresist and Si substrate of MEMS devices, Key Engineering Materials, **345-346**, pp.1185-1188（2007）
3) T. Nishida, Y. Higo, H. Tanigawa and K. Suzuki : Influence of packaging on frequency drift in MEMS resonators（Dynamic effect on MEMS device property of packaging）, Proc. of ICSJ2014 IEEE CPMT Symposium Japan, Kyoto, pp.143-146（2014）

索引

【あ】

圧縮せん断試験　172
アモルファス薄膜　41, 43
アモルファス SiO$_2$ 薄膜　67
粗さ曲線　95

【い】

一定応力制御　88
一定ひずみ制御　88
移動電極　142
陰極電解試験　179
イントリンジック因子　163
インピーダンスアナライザ　21

【う】

薄板同士のT形剥離試験　171
うねり曲線　95

【え】

エクストリンジック因子　163
エピタキシャル薄膜　41
エリクセン試験　178

【お】

オイラー・ベルヌーイ梁モデル　131
応　力　33
応力集中　84
応力テンソル　34
押出し試験　178
オシロスコープ　21

【か】

音響インピーダンス　58
音響デバイス　32
音　速　44

開口数　110
外的因子　163
界面転位　44
界面破壊　163
外　力　33
開ループ法　89
回路シミュレータ　21
拡張不確かさ　125
荷重針法　176
画像処理　79
片持ち梁　48
割裂試験　170
過渡特性　14

【き】

機械インピーダンス　133
機械系CAD　6
機械式チャック　82
幾何特性仕様　94
基準強度　90
狭ギャップ効果　141
凝集破壊　163
共焦点走査型レーザ顕微鏡　112
共振子　87
共振周波数　47
共振超音波スペクトロスコピー法　50
鏨金　161
切金　161

【く】

金継ぎ　161

空気ダンピング　136
クロスカット法　176

【け】

けい線試験　179
結合ばね　153
研削試験　177
原子間力顕微鏡　78, 119

【こ】

工学弾性定数　40
工学ひずみ　36
合成標準不確かさ　125
剛性率　40
構造解析プログラム　3
硬　度　31
小型真空槽　136
国際電気標準会議　75
国際標準化　75
国際標準化機構　94
固有角振動数　131
混合破壊　163
混合モード　167
コンピュータシミュレーション　157

【さ】

最良推定値　123
材料特性評価　76
材料破壊　163
サンプル支持台　134

索引

【し】

時間依存解析	16
試験機	87
試験片	84, 89
実表面の断面曲線	94
ジャイロスコープ	153
集合組織	39, 41, 43, 66, 70
自由振動	52
集束イオンビーム	46
周波数応答特性	91
触針式表面形状測定機	114
ショットピーニング試験	178
シリコンMEMS共振器	131
シリコンねじり振動共振器	139
シリコン梁共振器	141
シールデッド4端子法	148
振動型ジャイロ	87
振動型ジャイロスコープ	153
振動特性の計測	129
振動パターン	54
振動リード法	47

【す】

垂直応力	35, 40
垂直ひずみ	36, 40
ストロボスコピック計測	79
寸法誤差の影響	46

【せ】

静的手法	44
接合	160
接着	160
接着・接合強度	163, 164, 167
接着・接合強度評価	168
接着剤	82
接着破壊	163
接着部の曲げ強さ試験	173
接着法	82
繊維強化複合材料	38
せん断応力	35, 40
せん断剥離試験	184
せん断ひずみ	36

【そ】

走査型白色干渉計	108
双晶	68
測定曲線	94
測定断面曲線	94

【た】

ダイアフラム型圧力センサ	2
対称性	37, 39, 44
体積弾性率	40
タイプAの評価法	124
タイプBの評価法	124
ダイヤモンド	31, 68
たがね打込試験	178
多結晶Ptナノ薄膜	66
多結晶材料	39
多結晶薄膜	41, 71
多層薄膜	41, 44
単結晶薄膜	41, 64
単軸応力状態	40
弾性異方性	32, 70
弾性コンプライアンス	36
弾性定数	31, 37
弾性定数マトリックス	38
弾性波フィルタ	32
断面曲線	95

【ち】

柱状組織	43
稠密面	41
超音波	44
超音波共振法	45
超音波パルスエコー法	44

【つ】

つかみ具	81
突合せ接着の引張試験	169

【て】

低温加熱処理	65

【と】

電界放射型走査電子顕微鏡	102
電気機械変換効率	132
電子回路シミュレータ	14
動インピーダンス	133
動的手法	44
等方体	66
等方体材料	39

【な】

内的因子	163
内力	33
ナノ双晶多結晶ダイヤモンド	68

【に】

日本工業規格	76

【ね】

ねじり振動モード	139
熱試験	179
熱処理	31

【は】

白色光干渉	79
破面解析	188
バレル研磨試験	178
反共振	150
半導体微細加工技術	75
汎用解析シミュレータ	6

【ひ】

光硬化樹脂	82
引きはがし試験	178
ピコ秒共振法	58
ピコ秒超音波	55
ピコ秒超音波法	54, 66, 70
ピコ秒パルスエコー法	57
微小電気機械システム	1, 75
ひずみ	35
ひずみ速度	85

索　引　195

非接触測定		48
非線形応答		146
引っかき硬度		176
引張試験		81, 179
引張試験法		44
引張せん断試験		171
標準試験片		85
標準不確かさ		123
標　点		84
表面エネルギー		41
表面超音波法		48
表面波		48
疲労試験		86, 91

【ふ】

フィッシュボーン型 MEMS デバイス		9
フォトリソグラフィー		80
深堀反応性イオンエッチング		93
不完全結合部		44, 64, 66
負スティフネス		132
不確かさ		122
不確かさ要因		123
付　着		160
付着性		176
フックの法則		37
ブリルアン振動		61
ブリルアン振動法		60, 69
プルオフ法		176
プローブ光		56

【へ】

米国試験材料協会		96
閉ループ法		89

へらしごき試験		177
ペルチェ温度特性評価装置		136
ペルチェ素子		136
変位ベクトル		35

【ほ】

ポアソン比		40
包含係数		125
細　金		161
ポンプ光		56

【ま】

マイクロ引張試験法		45
マイクロ曲げ試験法		46
巻付け試験		179
膜厚計測		80
曲げ共振		47
曲げ試験		179
摩擦撹拌接合		160
マルチフィジックス		1
マルチメータ		21

【み】

ミックスモード		168
密　着		160

【め】

面外振動モード		134
面心立方格子		37, 41
面直弾性定数		50, 70
面内振動モード		135
面内弾性定数		50, 53, 70
面内等方性		44
面内等方体材料		39

【も】

モードⅠ		167
モードⅡ		167
モードⅢ		167
モード特定		51, 52

【や】

焼入れ		31
ヤング率		40, 43, 44

【ゆ】

有限要素法		5

【ら】

ラメモード		144

【り】

リッツ法		53
立方晶系材料		38
臨界角		62
輪郭曲線		94

【れ】

レイリー減衰		16
レーザドップラー干渉計測		52
レーザドップラー振動計		79, 133
レーザドップラー変位計		21
連結ビーム		154

【ろ】

六方晶系材料		39
ロードセル		78, 83

【A】

ABAQUS		6
ADINA		6
ADS		14
AFM		119
After Pull-in		150
ANSYS		6
ASTM International		96
ASTM 規格		96
AutoCAD		6

【B】

Before Pull-in		149
BVD モデル		132

索引

【C】
CAE　3
CLSM　112
COMSOL MEMS モジュール　8, 16
CSI　108

【D】
Deep-RIE　93

【F】
FE-SEM　102
FIB　46

【G】
GPS　94
GUM　122

【I】
IEC　75
IEC/JIS 規格　76
ISO　94

【J】
JCGM　122
JIS　76

【L】
LDV　133
LTSpice　21

【M】
MEMS　1, 75
MemsONE シミュレータ　7
MEMS 共振器　131
MEMS スイッチ　13

【N】
NA　110
NASTRAN　3
NEMS　129

【P】
Pro/Engineer　6

【Q】
Q 値　90

【R】
Release　151
RUS/LDI 法　52, 53, 70
RUS 法　50

【S】
SAP　3
SAW　129
SEMI　98
SEMI 規格　98
SolidWorks　6
SONNET　14
Sonnet Lite　14
SPICE　21

【T】
TINA　21
T 形 90 度剥離試験　171

【X】
X 線回折法　41
X 線反射率測定　58, 61

【数字】
180 度剥離試験　172
1 次元の微細化　174
2 × 2 ジャイロスコープアレイ　155
2 次元解析　25
3 次元解析　25
3 次元の微細化　180

―― 編著者・著者略歴 ――

肥後　矢吉（ひご　やきち）：6章
1968年　東京工業大学工学部金属工学科卒業
1974年　東京工業大学大学院博士課程修了
　　　　（金属工学専攻）
　　　　工学博士
1974年　東京工業大学精密工学研究所助手
1987年　東京工業大学精密工学研究所助教授
1993年　東京工業大学精密工学研究所教授
2010年　東京工業大学名誉教授
2010年　立命館大学客員教授
2015年　立命館大学上席客員研究員
　　　　現在に至る

鈴木　健一郎（すずき　けんいちろう）：5章
1980年　京都大学理学部物理学専攻卒業
1982年　京都大学大学院博士課程前期課程修了
　　　　（原子核工学専攻）
1982年　日本電気株式会社
1993年　工学博士（東北大学）
2004年　立命館大学教授
　　　　現在に至る

荻　博次（おぎ　ひろつぐ）：2章
1991年　大阪大学基礎工学部機械工学科卒業
1993年　大阪大学大学院博士前期課程修了
　　　　（物理系専攻）
1993年　大阪大学助手
1997年　博士（工学）（大阪大学）
1998年　米国標準技術研究所招聘研究員
～99年
2000年　大阪大学助教授
2007年　大阪大学准教授
2007年　科学技術振興機構さきがけ研究員（兼任）
～11年
　　　　現在に至る
2012年　日本学術振興会賞受賞

石山　千恵美（いしやま　ちえみ）：6章
1991年　横浜国立大学工学部物質工学科卒業
1992年　東京工業大学技官
1998年　東京工業大学助手
2003年　博士（工学）（東京工業大学）
2007年　東京工業大学助教
　　　　現在に至る

谷川　紘（たにがわ　ひろし）：1章
1968年　東京工業大学理工学部電子工学科卒業
1970年　東京工業大学大学院修士課程修了
　　　　（電気工学専攻）
1970年　日本電気株式会社中央研究所
2000年　NECロジスティクス株式会社
2006年　株式会社ザイキューブ　顧問
2007年　立命館大学客員教授
　　　　現在に至る

磯野　吉正（いその　よしただ）：4章
1989年　立命館大学理工学部機械工学科卒業
1991年　立命館大学大学院博士課程前期課程修了
　　　　（機械工学専攻）
1991年　三菱重工業株式会社
1993年　立命館大学助手
1998年　博士（工学）（立命館大学）
1999年　立命館大学助教授
2005年　立命館大学教授
2008年　神戸大学教授
　　　　現在に至る

土屋　智由（つちや　としゆき）：3章
1991年　東京大学工学部精密機械工学科卒業
1993年　東京大学大学院修士課程修了
　　　　（精密機械工学専攻）
1993～　株式会社豊田中央研究所
2004年
2002年　名古屋大学大学院博士後期課程修了
　　　　（マイクロシステム工学専攻）
　　　　博士（工学）
2004年　京都大学助教授
2007年　京都大学准教授
　　　　現在に至る

小さなものをつくるためのナノ/サブミクロン評価法
── μm から nm 寸法のものをつくるための材料, 物性, 形状, 機能の評価法 ──

Materials Evaluation Methods for Micro/nano Structures and Devices ── Simulation of dynamic functions, and shape and mechanical property measurement methods including elastic, tensile, fatigue, vibration and bonding ──

　　　　　　　Ⓒ Higo, Tanigawa, Suzuki, Isono, Ogi, Tsuchiya, Ishiyama　2015

2015 年 7 月 17 日　初版第 1 刷発行　　　　　　　　　　　　　　★

検印省略	編著者	肥　後　　矢　吉 紘 一 郎
	著　者	谷　川　　鈴　木　健　一　郎 磯　野　吉　正 荻　野　博　次 土　屋　智　由 石　山　千　恵　美
	発行者	株式会社　コロナ社 代表者　牛来真也
	印刷所	萩原印刷株式会社

112-0011　東京都文京区千石 4-46-10
発行所　株式会社　コロナ社
CORONA PUBLISHING CO., LTD.
Tokyo Japan
振替 00140-8-14844・電話 (03) 3941-3131 (代)
ホームページ　http://www.coronasha.co.jp

ISBN 978-4-339-04643-4　　（金）　（製本：愛千製本所）
Printed in Japan

本書のコピー, スキャン, デジタル化等の無断複製・転載は著作権法上での例外を除き禁じられております。購入者以外の第三者による本書の電子データ化及び電子書籍化は, いかなる場合も認めておりません。

落丁・乱丁本はお取替えいたします